葡萄酒
品鉴课堂

EVERY CLASS IN A GLASS

葡萄酒
品鉴课堂

WINE A
TASTING COURSE

[英] 马尼·奥尔德 著

孙宵祎 译

Marnie Old

中国轻工业出版社

建立品酒技巧

不同类型的葡萄酒

了解千变万化的葡萄酒酿造

探索葡萄品种和产区

序言

我多希望这本书早就存在了，尤其是在我刚开始对葡萄酒感兴趣并且希望了解更多的时候，这样精彩而全面地介绍世界葡萄酒的书在彼时会非常有用。目前市场上已经有许多"学习葡萄酒"的相关图书，但《葡萄酒品鉴课堂》是如此与众不同，它以新鲜独特的视角引人入胜，恐怕也是此类丛书中第一本让我真正感兴趣的。

葡萄酒是个复杂的话题，对于许多人来说，这也正是它给人的印象之一。每个产区都有其自己的特点，1400多个酿酒葡萄品种也各不相同，而每一个酒农、酿酒师又会将其个人的印迹放在他们的每一瓶酒中。这就让葡萄酒从业者比如我可以一直处于学习的状态，只要你保持着好奇心和开放的态度，葡萄酒几乎永远不会让人无聊。但也正是这种复杂性在赋予葡萄酒富有深度的话题性的同时有时也令人气馁，尤其是对于那些刚开始走上葡萄酒之路的爱好者而言。这就是为什么马尼·奥尔德的这本书如此受欢迎，它成功地整合了葡萄酒最有趣、最生动的点，同时没有让人心生退意，失去对酒的兴趣。

最重要的是，我非常欣赏这本书漂亮的视觉可读性。这种图像式的编辑版式完美地将内容以非常愉悦的方式展现出来，这是我之前在任何一本书中都没有见过的。正是这一点将这本书和其他读物区分开来。马尼的想法是将严谨的葡萄酒教育以相当的可操作性让读者感受葡萄酒品鉴究竟是怎么一回事，每一个知识点都非常详细。

它没有将学习过程目的化，而是直接让读者有了更好的选择、购买、存储、侍酒和享受葡萄酒的实践能力。其在每个章节后面都直接给出示范用酒，来理解之前所讲的内容。

专注于葡萄酒的品鉴是非常重要的，因为我们的实际生活中缺少描述味道和香气的词汇量。以语言来描述对味觉的感知难以置信地困难。这也是为什么马尼以图像方式来诠释不同葡萄酒风味的"味道空间"是具有革命性的，而且马尼非常清楚她在做什么。我的行业背景非常技术化，所以我对葡萄酒的兴趣都建立在学科基础上。而马尼将葡萄酒学科富有争议、富有挑战的知识点（那可是相当多的）都拿捏得很准。作为一名侍酒师和葡萄酒教育者，马尼知道她所面对的选题有多么难，而这种现实世界中的经验对于介绍葡萄酒具有相当大的意义和用处。

Jamie Goode

译者注：Jamie Goode，英国作家，植物学博士，是《星期日快报》（*The Sunday Express*）的葡萄酒专栏作家，同时也为哈泼斯*The World of Fine Wine*，*Decanter*，*GrapesTALK* 和*Sommelier Journal*等专业期刊撰文。

前言

如果你喜欢葡萄酒但又觉得十分困惑，那这本书很适合你。

你不需要记住大量数据来确认如何买酒或者在餐厅如何点酒。你需要学会的就是一些有力的观点、一些能帮你解释葡萄酒充满戏剧化多样风格的概念。一旦你知道了为什么这个酒尝起来是这个味，或是如何找到你想要的类型，在买酒的时候就可以得心应手了。

葡萄酒看上去无比复杂，对于初级爱好者来说常常摸不着头脑，但如果退一步看到全景的话就没有那么令人沮丧了。大部分葡萄酒书籍会为了一棵树而丢掉整片森林，提供大量关于葡萄酒的硬知识，但极少实际品鉴的练习。《葡萄酒品鉴课堂》不同，这本书图文并茂地解释了葡萄酒到底是怎么回事，分享了有用的观点，让人不用胆怯也不用担心所知不足，可以自由航行在葡萄酒世界中。

代替一张放大的酒标，《葡萄酒品鉴课堂》以丰富的图标形式将葡萄酒专业理论见微知著地应用在实际的葡萄酒品鉴中。不同于以往将葡萄酒完全当作舶来品的理论，《葡萄酒品鉴课堂》帮助你把这些细碎的知识点像拼图一样串联起来。如果你能够理解水蜜桃在成熟过程中如何改变风味，那你也可以轻松明白为什么来自冷凉产区的葡萄酒尝起来味道更温和、酸度更高，而温暖产区的葡萄酒则更粗犷、更甜润。

这并不是说那些传统的书籍就已经守旧过时。没有任何农产品像葡萄酒这样既丰富又纯粹，也没有任何商品能与葡萄酒这样晦涩难懂的知识体系相匹敌。总有需要求助于大部头工具书的时候，但是《葡萄酒品鉴课堂》换了一种焕然一新的方式。它不同于以往将每一款酒以品种、产区、年份、酒农等因素去分析，取而代之的是归纳所有葡萄酒的共性，根据酒本身的味道和酿造方式来分门别类。

尽管葡萄酒被作为爱好一直有"自命不凡"和"装腔作势"的不良声誉，但葡萄酒的专业从业者几乎没有这类态度。当然，我们热爱"严肃"的大酒，但也认同不那么严肃的酒。真正的葡萄酒专家能够将专业知识融会贯通到葡萄酒的启蒙教育中。在基本的知识点被熟练掌握的前提下，内行人可以轻松辨析杯中酒的来源。这本书的目的就是让爱酒之人能掌握对葡萄酒明确的鉴别力，像专家一样不纠结于酒本身而是真正享用葡萄酒。《葡萄酒品鉴课堂》将让你找到自己独立鉴赏葡萄酒和享用葡萄酒的路径。

干杯！

如何使用这本书

　　《葡萄酒品鉴课堂》与其他葡萄酒类书籍不同的地方在于它以专业的视角轻松解析葡萄酒最本质的内容，令人耳目一新。没有任何葡萄酒知识的人也可以理解，并且使用日常用语而不是葡萄酒术语，同时提供具有对比性的葡萄酒品鉴知识重点。你在这本书里学习到的内容也正是世界各地葡萄酒从业者和侍酒师所使用的方法论。这本书的目的是为了加强对葡萄酒的理解，为读者提供业内真实的信息，有些葡萄酒的复杂性会被一带而过，毕竟在学会走路之前先不要着急跑步，以免误入歧途。

本书每一个章节都尽可能地设置了独立的品酒课程，慢慢来，享受品酒的过程。

- 品鉴一次会列出2~4款酒，而且是设置为在家里进行。既然已经都开瓶了，为什么不干脆办成一个party？可以邀请4~10位喜爱葡萄酒的朋友们一起。如果不可行，你希望只和一两个人品鉴，也不要害怕浪费，在第62页有如何低温保存葡萄酒的介绍。

- 考虑到全球范围内的产区，品鉴用酒往往来自不同国家和地区的不同风格，有一些在你所在的区域可能不好找。幸运的是，有许多

葡萄酒本身风格类似，你可以向酒商说明这一情况，请他们直接推荐类似的酒。

- 如果在家里品鉴不可行的话，考虑去当地的葡萄酒酒吧。那儿会有类似的杯酒售卖适宜做这样的品鉴练习。

- 对于品鉴单上出现的酒，应该80%的描述是符合相应章节的介绍。但是，不可能每一支酒都能完全和书本对应。即使是在餐厅侍酒，侍酒师也会常常有某款酒并不符合预期的想象，这都没关系。只要把这个预料之外的酒当作意外的美味，再试一试。

建立品酒技巧

有没有发现你本来只是对葡萄酒好奇，一不小心却误入歧途？如果不用味觉来描述而只陈列葡萄品种名字、酒的产区来表达你想点什么酒喝几乎是不会有好结果的。其实有点儿像学开车：第一步是学习实际操作，比如交规和驾驶守则，而绝不是怎么造车或引擎如何发动的理论知识。

葡萄酒爱好者应该掌握的是在真实的葡萄酒世界中舒服相处，发现葡萄酒如何能带给你乐趣，而不是富有压力备感焦虑——稍许的学习就可以改变这一状况，从联系最紧密的话题开始：如何品尝和描述葡萄酒，如何买酒，如何从每一瓶葡萄酒中发掘最令人享受的部分。一旦你驾驭了日常饮用的葡萄酒，就可以操控方向盘，一路驶向你自己的葡萄酒奇境之旅了。

些许技巧
就能让你
掌握葡萄
酒经验

讨论和品鉴

局内人的感官之路

　　葡萄酒是一种奇妙的饮品——但它又难以用语言描述。一旦掌握了这种品鉴和描述不同类型葡萄酒的沟通技巧之后，掌控你自己的葡萄酒经验也就更加容易。没有必要去适应过分装腔作势的散文体，也不用迷失在个人化的陈词中。葡萄酒最基本的品性都可以被清晰地分别描述，一个简单的品鉴表就可以帮助我们为一款新酒准确做出评价，并表达出对这款酒的喜好。

葡萄酒行话和专业术语

享用葡萄酒很简单，但如何就它进行交流非常难。大家真正想知道的是这款酒尝起来怎么样，或是与别的酒有什么不同。不幸的是，我们日常的词汇体系对于香气和味道的描述少之又少——尤其是针对葡萄酒的领域。

掌握行话

酒标和餐厅里的酒单几乎不会列出葡萄酒的味道怎样，大部分是常常列出品种和产区。感知葡萄酒的第一步是学习如何讲出对酒的感受以及如何与他人交流。对于初学者，一系列得心应手的关于酒质特点的术语就足够了。系统迎接这一挑战的关键点在于一个客观描述品酒词的感官列表。

用于描述葡萄酒的这些形容词有时令人迷惑甚至很不开胃。

用描述搞定

当我们想到葡萄酒语言时，我们会趋向于先解读酒标：品种的名字如霞多丽，或酒的产区如波尔多。对初学者了解葡萄酒最有用的是准确的描述。这些词句可以帮助我们刻画出酒的模样——是喜欢的酒还是要尽量避免喝到的酒。这里主要有两种描述方式：间接描述和直接描述。讨论酒的时候当然还会有不同的方式。

间接描述

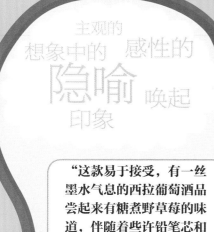

"这款易于接受，有一丝墨水气息的西拉葡萄酒品尝起来有糖煮野草莓的味道，伴随着些许铅笔芯和雨后森林的气息。"

直接描述

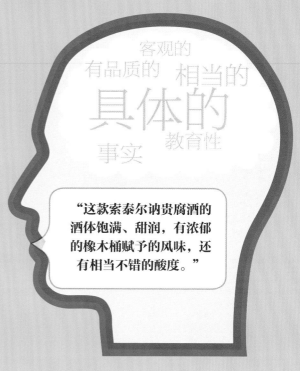

"这款索泰尔讷贵腐酒的酒体饱满、甜润，有浓郁的橡木桶赋予的风味，还有相当不错的酸度。"

间接的葡萄酒描述

专家们常常以诗句般的语言将酒中的味道和复杂性描绘出一副"葡萄酒画面"给读者。这些描绘包括：

- 以其他经历来隐喻酒带来的感受；
- 描述主观的感受，这种感受每个个体可能都会有不同的感知；
- 可以不限词句地进行各种感性的表达；
- 尝试启发读者唤起记忆中相应的香气和味道；
- 可以有效促进销售，尤其是在市场和媒体的引用中；
- 对于葡萄酒专业从业者而言是单向的沟通。

直接的葡萄酒描述

不那么热情洋溢地评估一款酒，专业地描述一款酒所具有的最重要的具象特质。这些描绘包括：

- 描述葡萄酒最首要的特质——比如颜色、甜度和强度；
- 带出大部分人实际同样感受到的客观的特质；
- 以有限的词汇进行描述，尽量不带感情；
- 列出酒实际表现出来的特质，比如酒的外观、味道、香气和口感；
- 十分有效地做相关分析，用于酿造和教育体系；
- 有效地形成富有意义的双向交流。

像行家一样品酒

　　我们对葡萄酒的感知很容易被品酒时所处的周围环境所影响，所以要尽量专业地保持客观性。一个持续性的品酒流程可以帮助我们建立对照品鉴的基础底线，目的就是能够独立分析出葡萄酒的各个感官层面——颜色、香气、风味——好把这款酒和那款酒区分开来。此刻最好自己倒一杯酒遵循以下步骤。

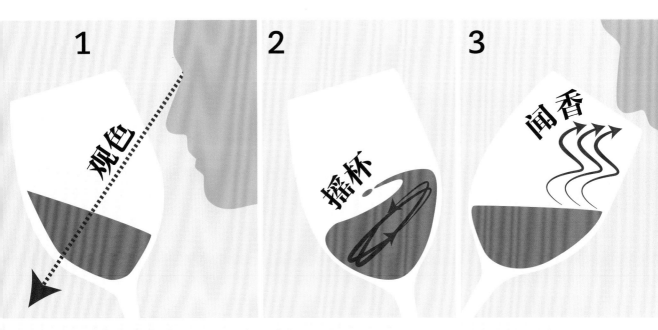

观察一下葡萄酒

　　这支酒是白色、桃红（粉色）还是红色？如果品酒环境允许的话，把酒杯斜衬在一张白纸或白布上，观察杯中酒的颜色。酒色有多深？有没有陈酿带来的褐色边缘？

更多相关内容请查看P22~25。

旋转杯中的葡萄酒

　　摇杯是为了更好地闻香——让香气更加立体。当香气分子在杯肚中集中地释放出来，酒的香气会更浓郁。摇杯也可以扩大酒表面与空气接触的面积，相应地推动了香气的蒸发量。

深深闻一下酒香

　　香气是品酒中非常重要的一个构成，所以在品尝之前的闻香十分重要。把你的鼻子伸进酒杯，深闻两到三次。想一想你都闻到了什么。香气有多浓郁？有没有让你想起什么？水果还是蔬菜？香草还是香料？有没有闻到烘烤的橡木桶香气？

更多相关内容请查看P26~27。

吐，还是不吐？这是个问题

葡萄酒专家在大型品鉴会中常常会选择吐酒，这对于大部分正常人而言不可思议，尤其吐东西是非常粗鲁的行为。然而，对那些品酒就是日常工作的人来说，吐酒是非常必要的，这可以减少酒精的摄入量以及醉酒的可能性。在大型品酒会、酒庄的品鉴室以及葡萄酒品鉴课堂上，吐酒桶常常都是必备的。

现代品鉴吐酒桶

4

入口

5

漱口

6

品尝

含一口葡萄酒

含一大口葡萄酒，要比日常喝酒的量更大。不要马上把酒咽下去，让酒在口中停留3~5秒，使其涵盖整个口腔、舌头、两腮和上颚。

用酒漱口

像漱口一样漱酒，你会发现酒的味道奇迹般地变得异常强烈，在口中十分充沛。增大酒与口腔的接触面积让酒质的表现更加生动。同时也给酒液加温，增加分子蒸发量，让味觉体会到更为浓郁集中的味道。

品尝一下杯中酒

酒的味道不会因为你咽下去就消失不见了。其回味往往还会持续一会儿，让你感受酒的品质做出更多个人化的评价。在葡萄酒品鉴表上各项参数画勾，决定你喜欢还是不喜欢这款酒，你会选择净饮还是配餐？你会再次选购它吗？

品酒单请查看P22。

品酒单

　　把品尝每一款酒的机会都录入你自己的品鉴数据库。尝试进行比较并进行分级。品鉴的最终结果就是品尝感受那些客观的决定性因素，然后记住这个感觉。我们可以运用品鉴表，不错过重要的内容。

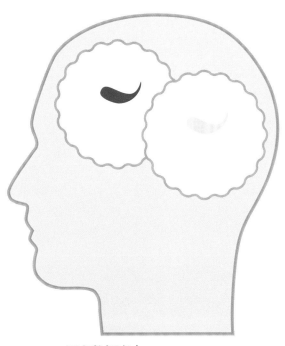

记在数据库中

以固定的词汇进行描述，哪怕是只有你自己才能理解，也会帮助你记住某些特定的特征，好与将来品到的酒进行比较。

运用你的感官——当然啦，大部分感官

　　我们有四个感官可以帮助评价酒的不同属性；唯一不起作用的就是听觉。在下面的列表中，每一个感官都可以遵循低、中、高的规律来描述酒。

感官	架构	低	中	高
观色	颜色	白色	粉色	红色
	颜色深度	浅	中等	深
品尝	甜度	干型	半甜	甜
	酸度	温和	明显	尖利
闻香	果香	温和	怡人	浓烈
	橡木香气	没有橡木香气	中度的橡木香气	浓郁的橡木香气
口感	酒体	轻	中等	重
	单宁（只对红酒）	丝滑	天鹅绒	强壮
	气泡	静止	略带起泡感	起泡

如何观察葡萄酒

　　葡萄酒之间最明显的不同就是我们能看到的颜色。大家也自然地在酒单上以视觉效果来看酒，在零售店里也常常通过颜色来选择。

辨清色系

　　葡萄酒的颜色往往从接近透明到墨水般的深紫色，但第一步是把酒先归类：白葡萄酒、桃红葡萄酒还是红葡萄酒。只有非常少数以特殊方法酿造的酒色与其品种本身的颜色不合；大部分黄褐色的甜酒是用葡萄干酿制的。99.9%的情况下，哪些酒是白葡萄酒，哪些酒是红葡萄酒，以及哪些是介于两者之间的酒都分得很清楚。

你知道吗？

　　白葡萄酒可以由浅色也可以由深色葡萄酿制，因为在生产过程中果皮很早就被丢弃了。红葡萄酒和桃红葡萄酒是由深色葡萄酿制，它们的颜色取决于浸皮时间的长短。

白葡萄酒

桃红葡萄酒　　　　　**干红葡萄酒**

桃红葡萄酒

只有少部分的葡萄酒是粉红色的。这些酒被称为桃红葡萄酒（Rosé wine），也就是法语"粉色"的意思。

通过酒色评估葡萄酒

不管是白葡萄酒、桃红葡萄酒还是红葡萄酒，葡萄酒颜色的深度可以给饮用者一个味道上的提示。通常来讲，酒色的深度与味道的浓郁度是相符的，同时也可以其他品质提供线索。比如，白葡萄酒如果呈现出金色的边缘，往往会比那些如水般的干白葡萄酒更有可能经过橡木桶陈酿；而浅淡、半透明的红葡萄酒相比深色的红葡萄酒酒体更轻，味道更收敛。

浅色还是褪色
红葡萄酒在经过一定的陈酿后颜色会变浅。它们的颜色从年轻时的紫红色会过渡到陈酿后的橙褐色。

葡萄皮的颜色
颜色较深的红葡萄酒通常来自于较长时间的皮汁浸渍或是葡萄品种本身皮厚粒小。葡萄皮不仅为酒提供色泽还有味道，所以干红葡萄酒或是桃红葡萄酒都比干白葡萄酒味道更重。

淡红宝石色

浓重的酒体

中等酒体

橡木桶陈酿的红葡萄酒

夏日桃红

成熟的白葡萄酒

橡木桶陈酿的白葡萄酒

金黄色的边缘
白葡萄酒中较深的色泽表明这款酒已经经历了一定的陈酿，进过木桶，味道更饱满，甚至是甜酒或餐后甜酒。

近白色的边缘
只有最年轻的白葡萄酒才会看上去是几近无色透明的，当在橡木桶中或是瓶中陈酿之后会演化为淡黄色。

年轻的白葡萄酒

白葡萄酒：影响它们色泽的因素是什么？

　　白葡萄酒的色泽主要源自氧化：与空气的接触可以让酒从淡黄色变为金黄色。酒与空气接触最主要的过程是在橡木桶陈酿中进行的，所以经橡木桶陈酿的霞多丽酒会比不锈钢桶发酵的酒脆爽，长相思酒颜色来得更为金黄、浓郁。风味分外集中浓郁的白葡萄酒的颜色饱和度也会显得很高，这种情况往往出现在甜葡萄酒身上。

橡木桶、陈酿
和浓郁度让酒
色越来越深

红葡萄酒：影响它们色泽的因素是什么？

　　像白葡萄酒一样，红葡萄酒味道更浓郁的话颜色也会更深。然而，当白葡萄酒因为陈酿色泽变深时，红葡萄酒则会相应变浅，还会形成沉淀物。酒本身的色泽也会因为品种本身而有不同表现。

　　葡萄品种、果实成熟度、提取色泽的方式都会影响红葡萄酒色泽的形成。薄皮品种如黑皮诺就比厚皮品种如西拉酿成的酒色要浅；而来自阳光热烈的产区的酒也比来自温和产区的酒色更深。

　　对于那些更有陈酿潜力的葡萄酒，酿酒师也会做尽量多的颜色的提取，桃红葡萄酒的颜色来自有控制的较短的浸皮时间。

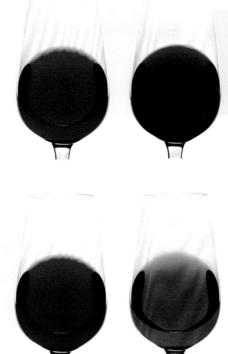

葡萄品种加深
的颜色

陈酿让酒色变浅、
趋向于棕色

是品味还是闻香

在日常对话中，我们用"味道"来概括所有在口中发生的感觉。在葡萄酒世界中，"味道"的表述几乎只集中在这一章节。然而，当分析葡萄酒时，我们就会基于是哪部分感官来判断葡萄酒的各个特质。

知道味道是什么

通过三部分感官——嗅觉、味觉和口感——一入口的时候几乎同时呈现，我们可以分辨出形成味觉的香气和随后延伸的口感。比如，我们吃一块焦糖布丁的时候可能会描述为甜润的奶油质感，有焦糖和香草味道。但在科学的感知分析中，只有甜味是可以被真正归类到味觉，因为这是由味蕾所感应出来的，而香草和焦糖的"风味"其实都算嗅觉，或是这里说的闻香，而奶油质感是触觉，是甜点的口感。

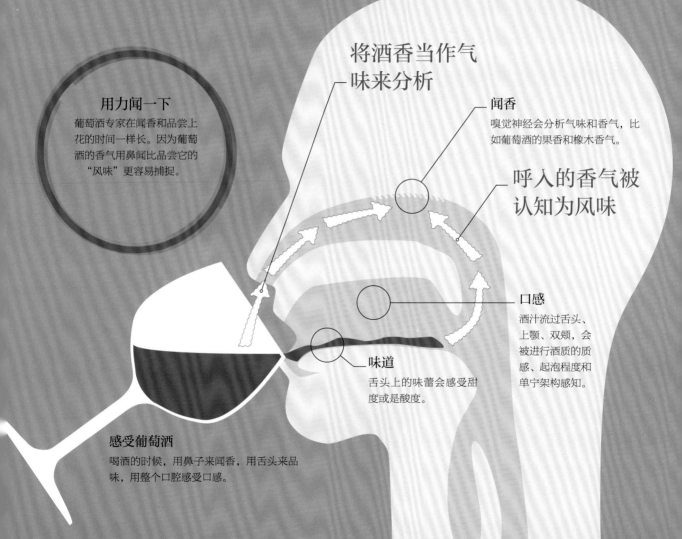

用力闻一下
葡萄酒专家在闻香和品尝上花的时间一样长。因为葡萄酒的香气用鼻闻比品尝它的"风味"更容易捕捉。

将酒香当作气味来分析

闻香
嗅觉神经会分析气味和香气，比如葡萄酒的果香和橡木香气。

呼入的香气被认知为风味

口感
酒汁流过舌头、上颚、双颊，会被进行酒质的质感、起泡程度和单宁架构感知。

味道
舌头上的味蕾会感受甜度或是酸度。

感受葡萄酒
喝酒的时候，用鼻子来闻香，用舌头来品味，用整个口腔感受口感。

理解香气

在我们所有的感知中，嗅觉是最重要的。即使没有使劲闻，小尝一口也可以感受到不同的气息。我们很习惯地在品酒时把这些气息都认知为酒的味道，但其实我们觉得是风味的这些内容都是嗅觉感知到的。

严格意义上来讲，气味和风味没有不同，唯一的不同是它们被感知的方向不同。鼻腔上部的嗅觉神经将外来的气息认知为气味，然而当这些气息是从连接鼻腔和口腔的内部通道到达鼻腔时——比如吃东西和喝东西的时候，它们就会被认知为风味。

一旦我们分清了味蕾传送的味觉和嗅觉神经传送的嗅觉之间基本的不同后，就可以进行葡萄酒关于气息的大量描述了。我们通过舌头只能品尝出酒最基本的味道——甜味还是酸味。但大部分关于葡萄酒最复杂的特征是由酒汁蒸发的香气通过嗅觉神经被感知的。

人类至少可以分辨
1000 种气味……

……但只有六种味道
我们可以品尝出来。

甜味　酸味
鲜味　苦味
咸味　油润感

闻香测试

想说明味觉和嗅觉之间鲜明的区别，可以做个小实验：

- 用塞子轻轻塞住你的鼻孔，喝一口橙汁。一直堵着鼻孔不要通气，橙汁至少含5秒钟不要咽下去。

- 现在就可以发现，鼻腔被堵住以后，你就只能用舌头感知味道——在这个例子中，就是甜度和酸度。

- 然后让鼻子重新通气。一旦空气重新自上颚流通至鼻腔，你立刻就可以感受到一股浓浓的橙子"味道"。

如何品尝葡萄酒

现在我们知道人只能感觉到6种味道，我们需要确认是什么因素影响酒带来的味觉感受。最令人惊讶的事实就是酒里面只有两种"真正的"味道。

了解味道

六种味道中的四种是早已被人类认知的：甜味、酸味、咸味和苦味。另外两种直到20世纪才在实验室中被发现。人们常说的"好吃"，或是有味儿，被称为鲜味，是由谷氨酸钠和氨基酸引起的，第一次发现是因为日本科学家研究为什么海草和纳豆那么好吃。最近的一次研究才刚刚显示人们对食物中的脂肪也有味觉感受。

我们要找什么？

不管任何时候甜味和酸味都是我们评价一款酒时必要的考量因素，二者对酒本身的风格都十分重要。对其他味道并不重视是因为酒中不会有盐、脂肪和苦味的存在，同时有些酒尽管有鲜味但没有那么显著。

甜度测量

在葡萄酒世界，甜度以每升含糖的克数计量（g/L）。这个列表可以让你清晰地看到葡萄酒和其他饮料含有糖量的对比。

只有两种味道在品酒中是重要的存在：甜味和酸味

六种味道是……

酸味=柠檬
苦味=茶
油润感=黄油
咸味=酱油
甜味=蜂蜜
鲜味=味精

干型美乐红葡萄酒
2g/L

加一块糖的茶
12g/L

轻盈的雷司令甜白葡萄酒
15g/L

甜型还是干型？

甜度被当作糖分与舌头接触产生的感受，尤其是在舌尖，这里对味觉的感知更为集中敏感。大部分葡萄酒没有明显甜感，被称为"干型"酒。这对于初学者来说会有些困惑，因为"干"对于葡萄酒的意义和其在日常用语的意义不大一样。千百年来，世界各地的酿酒师把葡萄酒称为"干型"是指酿酒用的葡萄中的糖分全部转化为酒精。法语中的"Sec"，德语中的"troken"，意大利语中的"Seco"在日常用语中是指"不湿"而对葡萄酒而言是"不甜"。

一丝令人愉悦的甜感常常会在市场化的大产量酒中出现。微甜的"半干"型葡萄酒也特别受初级饮用者的喜爱，这些酒常常表现出像果汁一样的口感。甜酒或餐后甜酒更引人注目，但是酿造它们既富有挑战又代价高昂。世界上大部分葡萄酒都是干型的，因为既容易酿造又相对有较长的生命力，同时还能更好地搭配美食。

由低到高的含糖量

这张表显示了由低到高不同含量的糖分会在味觉上有什么体现，并给出参考葡萄酒的例子。

糖分	类型	描述	酒的例子
低	干型	几乎没有甜味	澳大利亚霞多丽干白葡萄酒 法国罗讷河谷干红葡萄酒
中	半甜，半干型	有一点点不明显的甜味	德国雷司令白葡萄酒 加利福尼亚老藤仙粉黛干红葡萄酒
高	甜型	有明显的甜味	葡萄牙波特酒 意大利麝香甜葡萄酒

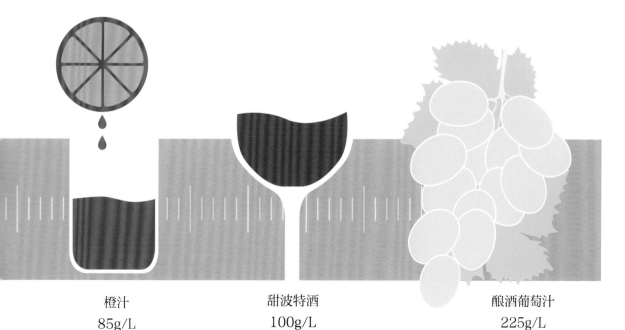

橙汁　　　　　　　甜波特酒　　　　　　酿酒葡萄汁
85g/L　　　　　　100g/L　　　　　　225g/L

酸性鲜果的酸度

　　酸度在味觉表现上是有酸味，会立刻让嘴巴分泌唾液，像柠檬汁和醋带来的反应一样。葡萄酒比大多数饮料酸度都高，这种酸度来源于新鲜的酿酒葡萄。

　　初饮者往往发现葡萄酒比他们想象得要酸，一部分原因在于第一口葡萄酒的酸感更明显。但当你继续饮用的时候酸度就会显得中和一些，尤其是配餐更明显。因为高酸度对于没有经验的饮用者而言会很扫兴，葡萄酒专家在做此类描述的时候就会很小心，比如单纯"酸味""酸度"这种负面的评价避免不用，而是加上那些听上去更开胃的形容词：脆爽、新鲜、生动等。

一个主厨的秘诀

酸度可以让每样东西入口更加愉悦。主厨们非常擅长此道，这也是为什么许多餐厅的菜品常常会喷洒一些红酒汁，挤压一点柠檬汁或是滴几滴香醋。

由低到高的酸度

　　这张表显示了由低到高不同含量的酸度会在味觉上有什么体现，并给出参考葡萄酒的例子。

酸度	类型	描述	酒的例子
低	平淡的酸度	有明显但平和的酸度，像烤苹果	过桶的霞多丽干白葡萄酒 奶油雪莉酒
中	中等的酸度	有一定的新鲜的酸度，像新鲜的苹果	意大利灰皮诺干白葡萄酒 智利梅洛干红葡萄酒
高	尖利的酸度	有相当的、富有侵略感的酸度，像不成熟的苹果	法国桑榭尔干白葡萄酒 意大利奇安蒂干红葡萄酒

葡萄酒
pH 3~4

伏特加
pH 6~7

pH

测量酸度的pH在不同的物质上可能会与你的预期有很大差别。数值越高酸度越低，比如水——酸碱度平衡——pH是7。

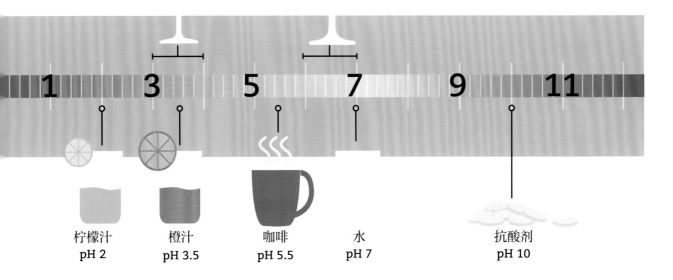

1　　3　　5　　7　　9　　11

柠檬汁
pH 2

橙汁
pH 3.5

咖啡
pH 5.5

水
pH 7

抗酸剂
pH 10

品鉴：
认识甜度和酸度

在家中对比品鉴四种酒

比较下列四种酒。

1 注意刚一入口时与舌头接触的感受。

2 感受并估计酸度和甜度的高低程度。

3 想一想你喜欢哪款酒，适合净饮还是配餐。

不甜，高酸	不甜，中等酸度	中等甜度、高酸	高甜度，低酸度
1	**2**	**3**	**4**
法国长相思	加利福尼亚霞多丽	华盛顿雷司令	法国麝香自然甜酒

比如：
桑榭尔、普伊–富美、波尔多干白或都兰干白

••••••••••••••

你能否尝出来？
非常干：完全没有糖分

••••••••••••••

尖利的酸度：
有着不常见的高酸度

比如：
索诺玛、蒙特雷或中央海岸经过橡木桶酿造陈酿的霞多丽

••••••••••••••

你能否尝出来？
干：没有糖分

••••••••••••••

脆爽的酸度：
有一定的酸度

比如：
低酒精度的哥伦比亚谷雷司令，尤其是在德国风格的瓶型中

••••••••••••••

你能否尝出来？
轻盈的甜感或是半甜：有明显的糖分

••••••••••••••

尖利酸度：有较高的酸度

比如：
麝香甜酒，用密内瓦麝香或博姆–德沃尼斯麝香酿造

••••••••••••••

你能否尝出来？
甜感：非常明显的糖分

••••••••••••••

中等酸度：有不常见的低酸度

葡萄酒什么气息

在葡萄酒的品鉴中，"果味"是一整套品酒词的统称，用来表达来自酿酒葡萄在嗅觉上被感受到的气息和风味。因为所有的葡萄酒都100%用葡萄酿造，所以几乎所有葡萄酒的品酒词都可以用这个表述。

区分橡木香气和果香

对酒的香气和风味进行系统的分析，可以帮助你大概估计出酒质的浓郁度。在葡萄酒品鉴中，酒的气息分为两大类，即"果香"和"橡木香"，每种香气的命名都来自于其酿酒过程所起的作用。

葡萄酒的大部分气息都来自于葡萄。

果香

所有酒中都有

是葡萄酒的主要香气

从葡萄和酿酒过程中产生

几乎与葡萄酒中出现的所有香气相关，除了来自橡木桶的那部分

覆盖从葡萄园到酿造中所出现的所有相关香气

橡木香

不会在所有酒中出现

有限的某些特定香气

从烘烤的新橡木桶陈酿过程中产生

大部分来自于用橡木桶酒精发酵或是陈酿的步骤

当酒与木桶长时间地接触时这种香型最为强烈

由低到高的果香

这张表显示了由低到高不同含量的果香会在嗅觉上有什么体现，并给出参考葡萄酒的例子。

果香	类型	描述	酒的例子
低	平淡	有平和的风味，像甘菊茶香的浓郁程度	意大利普罗塞克起泡酒 法国夏布利产区干白
中	中等，有风味的	有一定的果香，像美式咖啡和红茶风味的浓郁程度	新西兰长相思干白 西班牙歌海娜干红
高	浓郁，集中的	有集中、浓郁的果香，像意大利浓缩咖啡风味的浓郁程度	美国纳帕谷赤霞珠干红 德国冰酒——是除了红葡萄酒和甜酒之外少见的特例

理解 "果味香"

　　许多葡萄酒品尝者尝试用某些具体的词汇来描述葡萄酒的果香，比如黑莓或是柠檬。对于初学者，其实照右面的刻度表来评价一款酒果香的整体浓郁程度会更有用。想一想果味在酒中所占有的比例：是些许还是相当，是浓郁还是过重？

　　葡萄酒行业的从业者对于果味这个词往往会赋予更多含义。果味可以包含相当多的水果类香气，比如霞多丽中的菠萝香气和波尔多干红中的黑醋栗香气。但在葡萄酒专业术语中，果味也可以包含非水果类的香气。比如西拉中的胡椒气息，长相思中的青草气息，和琼瑶浆中的花香，这些也可以是葡萄酒中果香的构成。然而，当一款酒被描述为 "果香" 时，基本上表示它的香气十分浓郁并且以成熟的甜美水果香气为主。除了未加工的果实中所有的自然的香气，在酿酒的过程中也会产生不同的果香。复杂的化学反应会带出许多香气分子，从面包到皮革，从雪松到沥青。

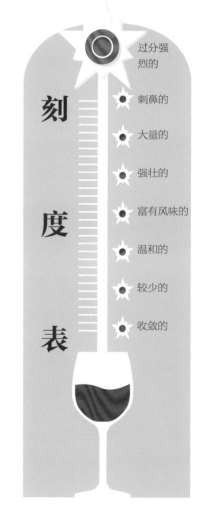

刻度表

- 过分强烈的
- 刺鼻的
- 大量的
- 强壮的
- 富有风味的
- 温和的
- 较少的
- 收敛的

土壤形成 "果香"

葡萄园周遭的环境会提供当地特有的香气，通常被称作 "风土"，这也构成葡萄酒果香的一部分。

果香刻度表

用这个刻度表来帮你认知酒中的果香，选出你认为符合杯中酒的强度。

理解"橡木香"

　　"橡木香"往往用来形容一系列特定的香气，往往来自于与木桶尤其是烘烤过的橡木桶的接触。几个世纪以来，小橡木桶和大橡木桶都被用来进行葡萄酒的发酵和陈酿，直到今天仍然被广泛使用和需要。橡木气息在红葡萄酒和重酒体的白葡萄酒中最为常见，尤其是那些适宜陈酿的酒。

　　新橡木桶带来的橡木香气最为明显，所以用老橡木桶酿造的酒甚至很难找到这一类型的香气。前者在酒中表现的香气就像用橡木桶陈酿的烈酒香气一样，如干邑和波本威士忌。

橡木香

除了木头香气之外，橡木桶陈酿的葡萄酒也会有香草、甜的香辛料、焦糖和坚果香气。许多葡萄酒并没有使用橡木桶，所以这一类型的香气就不会出现在酒中。

橡木桶中的酒还是酒中的橡木？

　　橡木风味来自于烘烤的新橡木桶。在优质的葡萄酒中，这些橡木风味来自于新橡木桶中的陈酿或发酵。在工业化的葡萄酒中，葡萄酒发酵和陈酿在不锈钢桶中，可以通过橡木片或是橡木块来得到橡木风味。

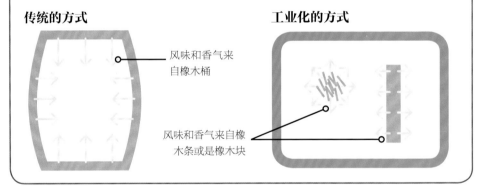

传统的方式

风味和香气来自橡木桶

工业化的方式

风味和香气来自橡木条或是橡木块

由低到高的橡木香

　　这张表显示了由低到高不同含量的橡木香会在嗅觉上有什么体现，并给出参考葡萄酒的例子。

橡木香	类型	描述	酒的例子
低	未经木桶	没有橡木的香气，如伏特加没有橡木香	德国雷司令白葡萄酒 意大利瓦坡里切拉干红
中	温和的橡木香	有温和的橡木香气和风味，如年轻的加拿大威士忌的橡木香	法国波尔多干红 美国俄勒冈黑皮诺干红
高	烘烤的桶香	有集中、浓郁的橡木香气和风味，如优质的陈酿干邑中的橡木香	优质霞多丽干白 西班牙里奥哈干红

品鉴：
认识果味和橡木香气

在家中对比品鉴四种酒

比较下列四种酒。

1　注意刚一入口时与舌头接触的感受。

2　感受并估计果香和橡木香的高低程度。

3　想一想你喜欢哪款酒，适合净饮还是配餐。

低果香，低橡木香	中等果香，中等橡木香	中等果香，高橡木香	高果香、高橡木香
未经橡木桶的法国霞多丽干白	用橡木桶做酒精发酵的加利福尼亚霞多丽干白	橡木桶陈酿的西班牙堂普内罗干红	橡木桶陈酿的澳大利亚西拉干红

比如：

马孔村、夏布利、圣维旺、勃艮第大区干白、维尔–克莱塞

• • • • • • • • • • • • • • •

你能否尝出来？

收敛的果香：较少的风味

• • • • • • • • • • • • • • •

没有橡木香：没有任何橡木类的香气

比如：

来自索诺玛、中央海岸、蒙特雷、圣塔芭芭拉、卡内罗等产区的霞多丽干白

• • • • • • • • • • • • • • •

你能否尝出来？

中等果香：中等的风味

• • • • • • • • • • • • • • •

中等橡木香：些许橡木桶陈酿带来的香气

比如：

来自里奥哈、托罗、杜罗河岸的佳酿或陈酿级别干红

• • • • • • • • • • • • • • •

你能否尝出来？

中等果香：中等的风味

• • • • • • • • • • • • • • •

强壮的橡木香：非常明显的橡木的气息

比如：

来自巴洛萨、麦克拉伦谷或是南澳的干红

• • • • • • • • • • • • • • •

你能否尝出来？

浓郁果味：有相当集中的风味

• • • • • • • • • • • • • • •

强壮的橡木香：非常明显的橡木的气息

葡萄酒什么口感

　　许多关于酒的"品鉴"的感受既不是味道也不是气息而是口感，是我们用舌头、上颚、嘴唇的综合感知。口感包括我们对食物质感的喜好，比如炸薯片的香脆和巧克力慕斯奶油般的顺滑。

在葡萄酒中，
我们寻找三种口感的质地：

1 气泡的泡泡感
2 酒体的分量感
3 单宁的收敛感

气泡的泡泡感

　　葡萄酒中最容易直观感受的就是气泡感，因为气泡一入口就可以感受到。气泡是葡萄酒自然发酵过程中产生的二氧化碳气体，所以所有的葡萄酒在酿造过程中都是有气泡的。这种自然产生的气泡通常是被放走的，随之得到"静止"葡萄酒，即没有二氧化碳。然而有的时候，会

专门把气泡保留在酒中，使得葡萄酒充满二氧化碳，这就是"起泡酒"。

　　起泡酒在口中像碳酸饮料般的丰盈的泡泡感可以带来清新的口感。这需要特定的瓶型和瓶塞。偶尔，也有一些葡萄酒会有微气泡的状态出现，这些葡萄酒通常是年轻的白葡萄酒或桃红酒，这些酒中的气泡一般会在杯中很快消失。

由低到高的气泡感

　　这张表显示了由低到高不同含量的气泡会在嗅觉上有什么体现，并给出参考葡萄酒的例子。

气泡	类型	描述	酒的例子
低	静止葡萄酒	完全没有气泡	灰皮诺干白 长相思干白
中	微泡葡萄酒	有微微的气泡	葡萄牙绿酒 巴斯克乔科里纳
高	起泡葡萄酒	有明显的气泡	香槟 普罗塞克

评估酒体

在葡萄酒体系中，酒体意味着质地厚重与否，是口中对酒的物理感官。同理，奶油比牛奶感觉更厚重是因为前者有更多脂肪，重酒体的酒比轻酒体的酒厚重是因为前者的酒精度更高。大部分中等酒体的葡萄酒酒精度约为13.5%。酒体越轻说明在口中的感觉也越轻盈。

甜酒是这个规律的例外，因为它本身有相当的糖分，增加了黏度，使口感厚重。既有甜度又有重酒体的比如波特酒，浓稠得像糖浆一样。其他因素，比如橡木桶的陈酿和酵母的长时间接触，都可以加重酒体，但不如酒精度和糖分的作用更显著。

查看酒脚

一支葡萄酒的酒体通常可以通过酒液在杯壁上流过的痕迹来判断。越是重酒体的酒这些被称作"酒脚"或"酒泪"的酒滴流得越慢。

重酒体

白葡萄酒，较轻

大部分白葡萄酒比起红葡萄酒而言酒精度较低，从而酒体较轻，但偶尔也有一些例外。

13.5%

红葡萄酒

红葡萄酒几乎没有低于12.5%的酒精度，所以几乎没有真正意义上的轻酒体的红葡萄酒。

轻酒体

由低到高的酒体

这张表显示了由低到高不同含量的酒体会在嗅觉上有什么体现，并给出参考葡萄酒的例子。

气泡	类型	描述	酒的例子
低	轻酒体	有细致的质感像脱脂牛奶般	德国雷司令，意大利麝香——几乎不会脱离起泡酒、干白和桃红之外
中	中等酒体	有标准的中等质感像巧克力牛奶般	法国波尔多干白智利梅洛
高	重酒体	有丰富、明显的质感像巧克力奶昔般	加利福尼亚老藤仙粉黛葡萄牙波特酒——几乎不会脱离干红、甜酒和强化酒之外

发现单宁

红葡萄酒一入口总是有较干的感觉，停止唾液分泌，在口中留下粗糙、皮革般的质感。这都是由单宁引起的，一种存在于葡萄皮、籽、梗中的酚类物质。

- 我们只能在红葡萄品种中发现显著的单宁，因为红葡萄酒是经过皮汁浸渍的过程，而白葡萄酒没有。
- 单宁为红葡萄酒增加深度和颜色，同时也为酒提供风味的集中度。
- 单宁是强抗氧化剂，帮助酒的陈酿，但随着时间也会消解。
- 最年轻、色重、集中、被设计适宜陈酿的红葡萄酒往往含有最高量的单宁。
- 有时我们称一款酒"刹口"，是因为单宁在口中不总是立马反映出来，有时可能会在品尝后的30~60秒后才感受到。
- 温和的单宁在口中感觉像天鹅绒般顺滑，而强壮的单宁则会留下如小山羊皮般的粗糙质感。

> 红葡萄酒的单宁主要来自葡萄果皮。这些抗氧化物质赋予红葡萄酒颜色和风味的同时还有收敛的单宁

较干的口感不是真的干

单宁常常与干燥相混淆，因为它令舌头感觉干涩，葡萄酒中的"干"是指不甜，葡萄酒在口中的干涩口感就被描述为单宁。

由低到高的单宁度

这张表显示了由低到高不同含量的单宁会在口感上有什么体现，并给出参考葡萄酒的例子。

单宁	类型	描述	酒的例子
低	没有	在口中没有干涩感	法国博若莱干红；干型桃红
中	轻柔；柔和的单宁	口中有些许单宁收敛的口感	美国加州梅洛；法国勃艮第干红
高	沉重；较重的单宁	有明显、富有冲击力的单宁涩口感	意大利巴罗洛；澳大利亚赤霞珠

品鉴：

认识酒体、单宁和气泡

在家中对比品鉴四种酒

比较下列四种酒。

1　注意刚一入口时与舌头接触的感受。

2　感受酒体轻重、质地饱满与否以及气泡入口的刺激程度。

3　喝下干红之后，感受单宁在口中的收敛感。

轻酒体，无单宁，高气泡	**轻酒体，无单宁，有一点气泡**	**中等酒体，中等单宁，没有气泡**	**重酒体，高单宁，没有气泡**

意大利普罗塞克　　　　葡萄牙绿酒　　　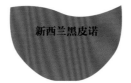新西兰黑皮诺　　智利赤霞珠

比如：
简单的入门款
••••••••••••••••••

你能否尝出来?
轻酒体：优雅、纤细的口感
••••••••••••••••••

起泡：明显的气泡感

比如：
简单的入门款
••••••••••••••••••

你能否尝出来?
轻酒体：优雅、纤细的口感
••••••••••••••••••

微起泡：微微的气泡感

比如：
中等价位的品牌
••••••••••••••••••

你能否尝出来?
中等酒体：中等质地
••••••••••••••••••

柔顺的单宁：有些许收敛的口感
••••••••••••••••••

静止酒：没有气泡

比如：
富有声誉或中等价位的品牌
••••••••••••••••••

你能否尝出来?
重酒体：集中、丰满的质地
••••••••••••••••••

强壮的单宁：在口中非常干
••••••••••••••••••

静止酒：没有气泡

评估葡萄酒的品质

对于初学者，品酒最难的一点就是从技术层面来评价一款酒的质量，而不仅仅是这酒是否符合他们个人的口味。

分析酒的收尾

在所有的质量指数中，葡萄酒"收尾"的长度是最重要且最容易识别的。这意味着一款酒在你咽下去之后味道在口中持续的时间，这种感觉还有一个优雅的描述就是"回味"。酒在味觉上的感觉可以持续30秒到5分钟不等，这是酒质一个重要的展现。

那些用最好的原材料和最棒的技术酿制而成的葡萄酒，总会比对自己要求不高的酒回味更长。但一款酒的收尾很容易因为不当的存储条件、橡木塞侵染以及错误的酿造手段被破坏掉。

一款优质的葡萄酒不仅仅是在香气、味道和口感上有悠长的回味，甚至在口中品鉴的活跃度也会有更久的生命力。那些工厂化的酒回味常常稍纵即逝，而一款以高标准酿制的葡萄酒则可以在口中有一两分钟长的收尾，那些真正卓越的酒能在口中有连绵不绝的回味。在这个阶段中，专业人士会注意到，每款酒的衰落期是有固定规律的。

葡萄酒的品质可以通过在口中味觉
延续的长度来判断

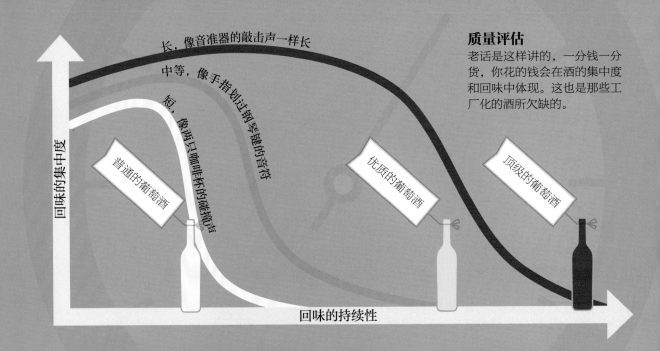

质量评估
老话是这样讲的，一分钱一分货，你花的钱会在酒的集中度和回味中体现。这也是那些工厂化的酒所欠缺的。

长，像音准器的敲击声一样长

中等，像手指划过钢琴键的音符

短，像两只咖啡杯的碰撞声

回味的集中度

普通的葡萄酒

优质的葡萄酒

顶级的葡萄酒

回味的持续性

认识橡木塞污染

葡萄酒用橡木塞封瓶已经有了几个世纪之久，但有许多酒庄已经开始用非橡木塞的封瓶手段，因为天然的橡木塞总是有各种影响酒质的可能性。几乎有5%的橡木塞封瓶的酒会因为酒塞的问题影响酒质，但影响程度有很大不同。所谓酒塞坏了的酒会有明显的霉味。最坏的可能性是闻上去会有明显的、令人不愉快的湿纸板和霉羊毛味。更常见的情况是酒丧失了那些新鲜活跃的气息。这种情况如果不是有其他同类酒做对比的话单独一瓶可能很难辨别出来，所以当你有疑问的时候，就提出来。餐厅和零售商都应该提供换酒的服务。

认识受热的损伤

像水果一样，葡萄酒在冰箱里保存的时间更久。酒当然最终会坏掉，但低温可以让酒的衰退缓慢一些。受热会加速酒熟成的化学反应，最常见的就是氧化。当酒受热之后，会像被煮过一样——颜色和味道都会变质。极端的高温会改变葡萄酒瓶中的压力，从而作用在酒塞上，导致氧化速度更快。有时透过酒瓶观察酒色或是顶起的酒塞可以判断这瓶酒受过热。短时间地暴露在高温下或是长时间室温储存会让酒陈酿的潜力毫无预兆地变短，直到你品尝它们的时候才会感到酒简短、无味、没有活力的回味。

葡萄酒的储存
降低葡萄酒损伤的最佳储存条件是10~15℃，同时尽量避光。

章节回顾

以下是这一章节你应该学习到的重点。

✓ 葡萄酒的**描述**能帮助我们表达葡萄酒的质量，既可以有感性的**间接描述**，也可以有客观的**直接描述**。

✓ 除了听觉之外我们会用到所有的**感官**来评估葡萄酒。

✓ 大部分葡萄酒的颜色来自于**葡萄皮**，白葡萄酒没有颜色，但桃红葡萄酒和红葡萄酒的颜色**取决于**皮汁浸渍的时间长短。

✓ 酒色的状态可能预测出**风味强度、橡木桶使用程度和口感的集中度**。

✓ 我们能真正品尝到的味道只有六种——甜味、酸味、鲜味、苦味、咸味、油润感。但前两种才是酒中最重要的味道。

✓ 在葡萄酒世界，"干"是指"不甜"而不是"不湿"。

✓ 新鲜葡萄中自然的**酸度**比大部分饮料要尖锐，这可以帮助我们平衡食物在口中的味道，刷新口感，并延长酒的陈酿。

✓ "果味"是指酿酒葡萄所带来的所有嗅觉和味觉的气息。

✓ "橡木香"仅指葡萄酒和橡木桶所接触产生的气息。

✓ "口感"是指酒汁流过舌头、上颚、双颊在口中的整体质感。

✓ 葡萄酒的**酒精度**越低，入口的感觉就越轻盈，越高则酒体越重。

✓ **单宁**是在葡萄的皮、籽、梗中存在的有收敛口感的酚类物质。仅在**红葡萄酒**中存在，在酒被喝下去之后会产生干的口感。

浏览和购买

买酒的门票

　　葡萄酒的购买几乎比任何商品都要难。而专卖店和餐厅里的选择即使对最具理解力的人依然会无所适从，用一些葡萄酒专业从业者所用的几个小策略就可以消除疑惑，建立买酒的信心。酒标可能不会告诉我们这款酒喝上去如何，但可以从字里行间得到一些线索。葡萄酒的包装会告知酒的容量，以及三个重要的数值，可以让购买过程简单化。在餐厅点酒，用五个指头就能数出来的几个专家建议小窍门可以让你不会冲动消费。

看包装

即使不读酒标我们也可以看到很多信息——颜色、字体、艺术设计。因为酒标本身的规则和条例很容易令消费者迷惑，酒商们常常试图通过酒标的设计而不是文字与消费者沟通。

不品尝，先判断

在现代自我选择的消费环境中，生产商有各种办法来确保他们的包装既体现了酒本身的特质又对消费者有外观上的吸引力。

有趣现代的	精致经典的	清新明快的

引人注目的颜色、现代的设计，一个轻松有趣的名字意味着这是一款带着甜点股香气的成熟酒款，适宜当即饮用。

沉静的颜色、传统的设计，家族的名字意味着适宜与美食搭配，并且有坚实、较干的酒体，伴随优越的酸度。

对于白葡萄酒，透明的酒瓶和明快的酒标意味着这是一款轻酒体、未经过橡木桶陈酿的酒。深色酒瓶和秋季色系的酒标说明这是一款重酒体、经过橡木桶陈酿的干白葡萄酒。

通过瓶形来认酒

一些葡萄酒产区会使用特定的瓶型来装酒，这一瓶型往往也是该地区葡萄酒的特色之一——也是辨别这类酒的线索。

潜意识的酒标信息

包装设计往往也反映出酒农的风格和酿酒理念，从而也暗示了酒的风格。

勃艮第瓶

勃艮第瓶型是溜肩膀的瓶子，最常用于霞多丽、黑皮诺、西拉等品种，以及罗讷河谷风格的葡萄酒。

波尔多瓶

端着肩膀的瓶型多用于其他风格的酒，尤其是赤霞珠、梅洛和长相思等品种。

阿尔萨斯瓶

瘦高的笛型瓶继承了德国白葡萄酒的传统，如雷司令、琼瑶浆等品种，有可能是甜型酒也有可能是干型酒。

包装革新

有些葡萄酒可以陈放数十年，酒庄也要注意和适应现代包装技术的革新。然而，橡木塞已经被证明不是最好的瓶封，今天的生产厂商们也一直在探索新的选择。

其他可以选择的包装——比如盒子

玻璃瓶早已不是装酒的唯一选择。食品包装的变革比如纸盒、箱子以及其他可行的包装已经被应用。以上这些可以降低船运的重量同时保护葡萄酒不受光照。更大的"盒中袋"真空包装的另一优点是因其被"抽取"而明显地延长酒的货架寿命，袋子的收缩性可以保护葡萄酒不与空气接触，从而在六周之内都保持新鲜口感。

其他可以选择的瓶封——比如金属螺旋塞

天然橡木塞对于优质酒来说依然是惯用的，但它们有时会对一小部分酒产生不可逆转的缺陷。金属螺旋塞提供更加稳定的保护，同时产生较少的缺陷，如今已经被广泛使用，尤其是那些本该在年轻时就被饮用的酒。

看数字来购买

即使我们知道了要买什么风格的酒——一款意大利干红葡萄酒或是一款加利福尼亚州干白葡萄酒，最终的决定可以通过绝对的数字来选择。当面对一大堆不甚熟悉抑或非常类似的选择时，专家们通常会对比三个关键的数字，每一个数字都会提供一些瓶中酒滋味的信息。

查看年份

酒标上的年份对了解一款酒已经陈放了几年远比它是来自好年份或坏年份来得重要。

年轻的酒以果香为主。以新鲜的水果味道主导，那些最年轻的酒常常也不经过橡木桶，它们大部分都是轻酒体，新鲜并且价格易于接受。

两年以上的酒常常是经过陈酿的高品质酒，常常用橡木桶陈酿。这些陈酿成熟的酒不会有那么有活力的果香但更复杂更均衡，还伴随有优质的橡木桶烘烤的气息。这些酒有典型的重酒体，口感更丰富，售价更高。

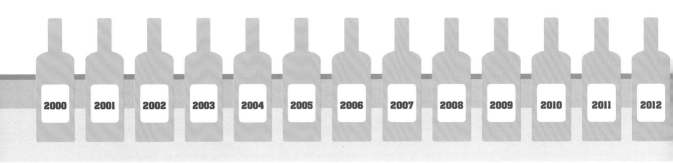

| 2000 | 2001 | 2002 | 2003 | 2004 | 2005 | 2006 | 2007 | 2008 | 2009 | 2010 | 2011 | 2012 |

考虑酒精度

一款酒的力度（数值标出的酒精度或ABV）可以用作许多方面的重要指示，尤其是酒体和口感的集中度。这一点在第二章内已经被详细描述，仅仅是这么表面的一瞥已经可以为你买酒或是喝酒提供相当重要的参考值。作为一个广义的概括，你已经可以通过酒瓶上的酒精度预知这款酒的特质。

13.5% 以下	**13.5% ~ 14%**	**14% 以上**
酒中的酒精度越低， 酒越可能是这样的……	中等酒体的标准表现	酒中的酒精度越高， 酒越可能是这样的……
• 轻盈甚至较薄的质感 • 较浅的酒色 • 果香和橡木香气较轻柔 • 高而清爽的酸度 • 年轻新鲜的口感		• 较重或浓稠的质感 • 较深的酒色 • 果香和橡木香气较重 • 酸度相对较低 • 经过陈酿而丰富的口感

看价格

　　购买时最重要的参考数字常常是价格。许多消费者认为他们可能需要花更多的钱才能得到自己喜欢的酒或是一款"体面"的酒。葡萄酒专家发现最令人大跌眼镜的是那些市场化的便宜酒的质量往往并不是被选择的首要因素。

　　在葡萄酒中，作为消费者购买的商品，高品质酒确实代表高价格。用更好的器材酿酒，以更高标准的人工管理葡萄园，以及美学、个性化和耐久性，一如做鞋和做车的手工产业一样。然而，这里也有一个相应的回落点（看下一页关于价格的更多内幕）。

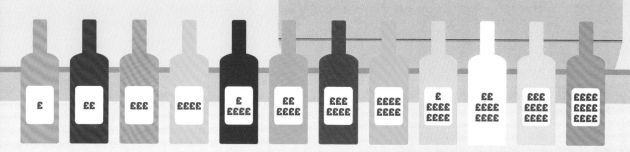

这瓶酒太贵啦？！

　　我们习惯于在所有的消费品上花更多钱换取更好的质量。但葡萄酒价格的弹性会令人惊讶。一款便宜的里奥哈酒可以花掉6英镑，一个顶级庄园的特级陈酿（Gran Reserva）可以花上60英镑。在拍卖市场中，一款陈酿葡萄酒可以拍出600英镑的高价甚至更多。为什么？优质的酒自然花费更大心力去酿造，但是酿制好酒同时也意味着用更贵的花销酿制更少瓶数的酒，有时在售卖之前还要用10年时间来陈酿，甚至更久，就这样一年年循环下去。

零售价 60 英镑的酒当然比 6 英镑的品质更高，但并不意味着其质量差异可以有十倍之大，也不代表你会十倍喜欢这款酒。

怎么拼折扣

　　葡萄酒有一个奢侈品的声誉，但想要喝得好并不意味着你得多花钱。葡萄酒专家们也不是每天都喝贵酒，因为他们知道如何以有限的预算买到最好的酒。在你买酒的时候请考虑以下诀窍。

尝试一个新的卖点

　　你不用特别在一瓶酒上花很多钱。比如，如果你们区域内最流行的日常饮用酒是7~10英镑，那每多花一英镑品质一般就会更好一点儿。如果酒本身并不比最便宜的酒品质高的话，其价格也没道理更高。同理，当酒价升到12~25英镑这一等级，我们可以预期其品质更好一些。但是如果期待品质有相当大的提升的话那价格也会贵得多。

寻求建议

　　当到了葡萄酒商店后，你可以向专业的店员寻求意见。销售员会问你一些酒瓶外的具体信息。至少，他们可以帮你从毫无头绪中挑出适合你口味的酒。

　　当然首先你要明确预算是多少。如果你实在不知道要选什么，就简单告诉他们你晚餐要做什么菜，或是你以前喝过的酒的牌子。

便宜愉悦，但得碰运气

最保险的选择，性价比高的酒

对品质控制有更高的要求

特价酒　　　　日常消费酒　　　　高级酒

做个开拓者

著名的葡萄酒产区比如纳帕谷的酒价通常要比加利福尼亚州别的产区如帕索罗布尔斯高，同理也适用于更高贵的葡萄品种、更有信誉的品牌和富有创意的包装。这些指向消费的因素确实会与酒的品质有正比例相关的联系，前提是酒商确实也有这方面的野心。然而，还是有很多好酒会不甘心流入俗套。尽管尝试不熟悉的酒会有些风险，其实大家总是过于夸大这种风险了。这世上的差酒没有那么多，而唯一发现好酒的方法就是你要勇于尝试。

理性地看待酒评

葡萄酒的点评对于初学者而言像救生圈一样重要，但通过评分买酒往往会导致花冤枉钱。因为酒评杂志在打分的时候不会考量价格，在高分和高价之间就会直接相关联。好的分数也会导致供求上涨，刺激酒庄、经纪人、零售店给高分酒提价——至少也会抵制优惠的打折行为了。

装满你的购物筐

大部分零售商会给那些大量买酒的消费者以折扣价，但这不是你享受"批量折扣"的唯一办法。找那些你的零售商大批量买进的酒，堆在地板和箱子里的酒往往比那些好好摆在货架上的酒要便宜。

炫耀之酒——越来越不流行了

财务自由之后的稀有之选

奢侈酒

收藏酒

读懂新世界酒标

所有的葡萄酒都会在酒标上列出生产商和品牌的名字，连同产区一起，或是更细的子产区。越是著名的酒在酒标上的产区会标得越详细。然而，许多国家的法令法规也会让酒的品质在酒标上有所体现，其等级从大省到市再到村庄。往往新世界的酒标——如美洲和南半球——相对更容易理解，我们也从这里开始。

葡萄品种

现在大部分酒标都会标明是用什么葡萄酿造的，和年份共同标在正标上。但这一细节并不是法规强制要求的。

酒标上都有什么？

1 葡萄酒产区或产地——强制

一个从产区到产地的词条是所有葡萄酒都必须标明的，好显示葡萄在哪里种植，但不一定是酒被酿造的地方。

2 葡萄酒的品牌或生产商——强制

葡萄酒必须标明酒庄或是所归属品牌的名称才能进行售卖。

3 年份——选择

葡萄采收的具体年份。

4 品种——选择

葡萄酒常常标明是用哪种葡萄酿造的，在这一例子中，一般要求必须包含该品种75%以上的含量。

5 小字体

尽管各国法令法规有所不同，但所有葡萄酒（正标或背标）都必须包括以下内容：容量、酒精度、国家。生产商或酒厂的名字及其所在地必须正式地完整标识。

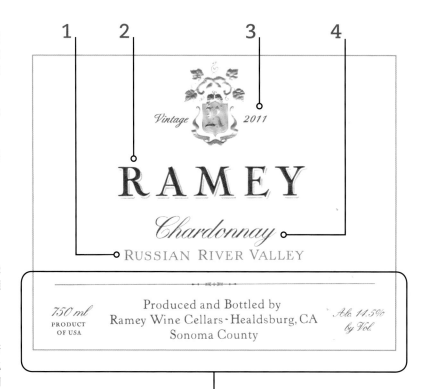

知道什么是什么

生产商常常用一个产区的同一品种酿制不止一款酒出来——一个入门款和一个高端款，比如一个甜型和一个干型。为了更好区分这些级别，他们会将"Cuvée"特地标在酒标上（Cuvée在法语中的意思是酒桶，大意是指这一批酒或这一批混酿），一款酒Cuvée的标法可能以以下方式出现。

1 葡萄园的名字
如达顿兰琪（Dutton Ranch）或奥内拉亚（Ornellaia）。

2 质量等级或认证
比如"陈酿"或"有机"（有些是法规认证，有些不是）。

3 酒庄特定的某一款酒
如奔富（Penfold）的葛兰许（Grange），或是约瑟夫菲尔普斯（Joseph Phelps）的勋章（Insignia）。

4 次线品牌
如罗斯柴尔德家族（Rothschild）的木桐嘉棣（Mouton Cadet）或科波拉（Coppola）的钻石（Diamond Lable）。

5 风格特指
如"晚摘"或"未经橡木桶"。

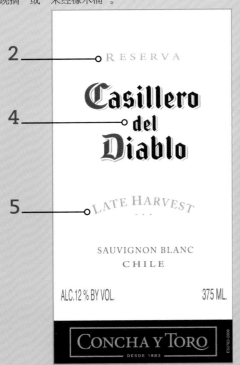

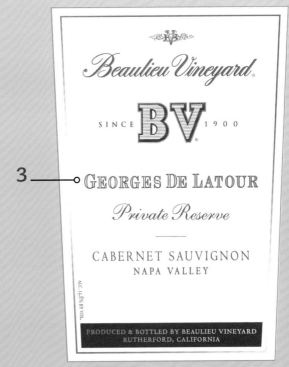

读懂老世界酒标

几个世纪以来的传统使然，顶级的欧洲葡萄酒都以产区的名字来命名——比如夏布利和奇安蒂——而不是其葡萄品种。因此，欧盟也自成体系地建立了一套酒标的标准。在"老世界"欧洲，产区是定义葡萄酒品质的首要原则，也是酒标上的强制条例，在其他地方，产区仅代表葡萄的来源地。

产区比品种更重要

在欧洲最顶级的产区，酒农们几乎只种植当地特定的品种。他们也必须严格遵循当地关于种植、酿造的法令法规才可以在酒标上使用产区的名字。法定产区遵循了当地传统并一般都还会细分级别，越是优越、越小的产区往往包含在范围更大、级别略低的产区中。有极少数产区将列出葡萄品种视

为传统，比如德国和意大利北部。许多即将兴起的法定产区为了适应国际市场也将品种列在酒标上。然而，在法国系统中，后者也是欧洲葡萄酒法规的标杆，一个葡萄酒产区的卓越与骄傲之处不是品种而是风土。比如，法国的夏布利酒根据法律全部是用霞多丽葡萄酿制的，但酒标上完全没有关于葡萄的信息。这一模式也最长见于那些最为传统和雄心勃勃的酒中。

隐藏的葡萄
来自欧洲优越产区的葡萄酒已经用同一原料酿了几个世纪——不管是大产区还是小村庄。它们最主要的品种都不会写在酒标上。

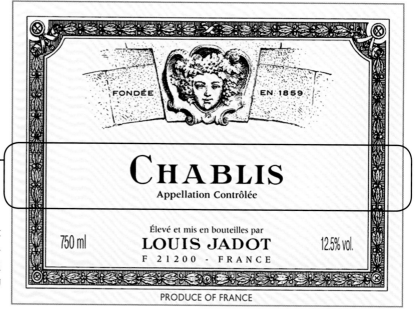

欧洲葡萄酒产区

产地的骄傲
原产地法定产区的标准在欧洲各地不尽相同，并且大多数会依据品质进一步分级。产区的名字以大写的字体显著标识，而相关的法规字眼以较小的字体紧随其后。

品质等级划分

　　一些欧洲的葡萄酒产区会有独有的品质等级划分体现在酒标上。这些等级标准被严格划分管控，常常被分为数量不等的几个级别。每个产区都有自己的分级系统，以一个或多个品质来衡量。

种种法规

欧洲的每个产酒国都有其独有的葡萄酒法规，对于初学者显得愈加复杂，尤其对那些并不熟悉当地语言的人来说。

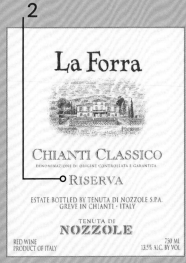

1 优质的葡萄园地

在法国的一些产区，那些最好的葡萄园往往被划分为特级（Grand Cru）或其次的一级（Primier Cru）。在意大利，则用经典（Classico）来标记最好的子产区。

2 橡木桶熟成的时间

在意大利和西班牙，以陈酿（Riserva）或佳酿（Crianza）规定在橡木桶中最低的陈酿时间，表明其在橡木桶中度过足够长的时间。

3 葡萄的成熟度

在德国和奥地利，葡萄的完全成熟并不一定保证能发生，所以会有一套非常复杂的酒标规则用葡萄收获时的含糖量如Kabinett或Spätlese来标注。

专业解读

　　欧洲葡萄酒的正标往往包含很多信息。但是，只有当你已经是葡萄酒专家时这些信息才能读懂。比如，旁边这个香槟的酒标就包含了八条信息。

地块的名字　产区　生产商　甜度　葡萄品种　葡萄园的等级　类型　年份

在餐厅点酒

餐厅常常会有各种各样的酒供你选择，但单独与食物搭配尤其是搭配餐厅所擅长的菜式（见第七章美食美酒搭配要点）会单独有一系列精心挑选的酒。但是，对于一些资深葡萄酒爱好者而言，餐厅有时也会令人生畏，比如不专业的服务，以及加价过高的酒单。

你能信任这些建议吗？

餐厅会根据你朋友聚会或是家庭聚餐的不同需求为你量身定做优质的葡萄酒体验，但这仅限于其对酒单和客人都十分在意的前提下。迅速地观察一下，如果这个餐厅酒吧非常注重其葡萄酒服务的话，你会在点酒之前就感受得到这个气氛，如果他们的葡萄酒单只是作为补充的添加，或者餐厅主要的卖点是鸡尾酒或啤酒，如何提前发现这种区别？

好的标志
- 餐桌上已经摆好了葡萄酒杯；
- 有体量较大的葡萄酒杯，且杯内倒酒的量不超过1/2；
- 干净有序的葡萄酒单；
- 有许多杯卖酒的选择；
- 酒单上有更多关于酒的细节，比如类型的描述。

不良预感
- 视线之内看不到葡萄酒杯；
- 有很小的高脚杯，且酒往往倒得很满；
- 粗糙、简陋的葡萄酒单；
- 很少有杯卖葡萄酒的选择；
- 不完整的酒单信息——比如没有年份标注。

寻求建议

并不是所有的餐厅都有对葡萄酒十分熟稔的服务人员，但如果有的话，你不妨一试。不管是经过认证的侍酒师还是一个受过良好训练的吧台服务生，这些对自己酒最为熟悉的人可以提供有用的信息。不要简单地直接问他们的建议，除非你想试他们个人最喜欢的酒。如果你希望喝到符合自己喜好的酒，告诉他们你个人的口味，给他们一个方向去选择。比如可以这样有策略地问一句："我喜欢灰皮诺，但今晚想试些不一样的，你有什么好的推荐吗？"

把握主动权！

餐厅永远有促进酒类销售的压力，所以侍酒师和服务员常常推荐价高的好酒或是更多的酒，除非你有特定指向。许多餐厅都会担心在点酒或是给予建议时遇到小气的主顾，但是，作为买单的客人，记住选择权永远在你手中。

没人可以强迫你在餐厅花费比预期要多的钱，除非你放弃首选

在被问及建议时提供一个预算

通过指出酒单上某个酒的价格谨慎地显示你的预算。没有指引的话，服务员不知道你是想节制还是想挥霍。一个特定的价格点可以指导他们专注于口味的建议而不是不同层次的品质。

当一杯酒就可以满足时不要点一瓶

杯卖酒或是半瓶装是漫长点菜过程中开胃酒的理想选择，抑或主菜和奶酪拼盘之后一个愉快的消化酒的结尾。一瓶酒的人均消费平摊下来当然是最低的，但前提是你们能喝完它。

在大 party 的时候不要鼓励无限畅饮

直接和服务员说一直帮你无限续杯，你只要放松享用。这个想法貌似十分诱人，但这就会让服务员来决定你最终的花销。一般来说保证晚宴上每两个人一瓶葡萄酒，午餐和早午餐更少一些。如果嫌一瓶一瓶地加酒很麻烦，那就先估计好基本用量。

章节回顾

以下是这一章节你应该学习的重点。

✓ 对于一般的大众消费者而言**酒标**上的信息令人迷惑，许多生产商倾向于用**外包装**来表达其酒的风格。

✓ 传统的**橡木塞**并不是最有效的封瓶方式，**金属螺旋塞**现在是橡木塞最常见的替代品，**利乐纸盒**包装也在日常饮用的酒中更常见。

✓ 在买酒的时候，三个**数字**给以提供有用的指导：年份、酒精度、价格。

✓ 即使是葡萄酒专业从业者也不是每天都喝高价酒。学会在有限的预算内找到最好的**性价比**，也不要有不小心**超支**的压力。

✓ **酒标**内容几乎与其风味无关。大多数信息只对相关专业人士有帮助，比如葡萄**品种**和**产区**。

✓ **读懂酒标**最有用的技能是分清酒标的分类方式，以及葡萄品种为基础的**分类**和以欧洲不同产区为基础的**分类**。

✓ 在外用餐的时候，是否能信任餐厅酒单的推荐取决于他们在**葡萄酒服务**上下多大工夫和心思。

✓ 当一个餐厅有**侍酒师**或是对葡萄酒有悟性的吧台调酒师在的话，可以让他们来全权负责。

✓ 让服务生明确知道你的买酒预算，**不要当冤大头**，不管是点了一瓶超预算的酒还是多点了额外的酒。

倒酒和储酒

喝什么、何时喝、怎么喝

葡萄酒适合我们在家里和朋友与家人一起享用。但是不同于烈酒和啤酒，如何侍酒并不十分明确。葡萄酒在不同的温度下有不同的表现，影响其味道和表现。理解如何侍酒以及为什么，会让你买回来的酒发挥最佳状态，增加其生命值，甚至开瓶之后的很长时间都可以享用。知道花多少钱买酒杯，或者到底买几瓶酒合适，就可以在家更轻松愉悦地享用葡萄酒了。

享用葡萄酒

不管是在外用餐还是在家享用葡萄酒，知道你到底要喝多少和怎么喝总会有些帮助。下面是一些简单的建议。

杯子里该有多少酒

国际通行的，一杯葡萄酒应该差不多是150毫升（5盎司），一个标准瓶型的葡萄酒可以倒五杯。但是也有一些情形是标准量的一半：

- 在高级餐厅中整桌分享一瓶酒时，或是复杂的菜式需要配不止一款葡萄酒时；

- 当杯中酒是准备用来干杯时；
- 当这款酒是特别甜或是极其强壮的一款酒，比如餐后甜酒和强化酒；
- 这款酒是用于品酒的样品酒时。

标准体量

满杯（150毫升或5盎司）

这个体量适用于：
- 鸡尾酒会；
- 餐前酒；
- 日常餐点（一道菜配一款酒）；
- 餐厅中的杯卖酒。

半杯（75毫升或2.5盎司）

这个体量适用于：
- 干杯或是品酒；
- 餐后酒；
- 正式晚宴（多道菜配多款酒）；
- 餐厅中的瓶卖酒。

在聚会上你需要多少酒？

在保证酒量充足的前提下一般来说让大家喝得开心就是人均一瓶葡萄酒的量，但实际上的平均消费量只有这个的一半。

- 在日常社交或接待场合，每个人在第一个小时的饮用量为1.5杯，随后每小时每人一杯；

- 在外出就餐时，每人2.5杯，或是两人一瓶；
- 在晚宴上，如果是6~8人，开场餐前酒准备两瓶，随后每道菜配一瓶酒；
- 在品酒会上（6~10款酒），每款酒开一瓶可以满足10~12位品鉴者。

一瓶酒或是一盒酒中到底有多少酒？

一瓶葡萄酒看上去感觉分量十足，所以人们总是会错以为一瓶酒比750毫升的量要大得多。一盒利乐纸盒包装的葡萄酒一般来说是3升装，这是四瓶标准瓶型的量，而且实际上也比四瓶酒占的体积少得多。

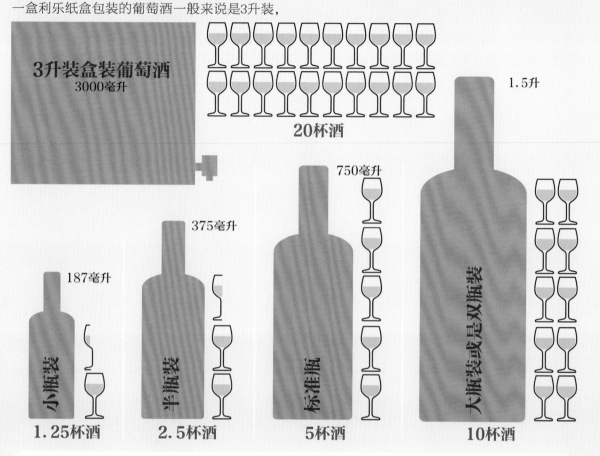

3升装盒装葡萄酒
3000毫升

20杯酒

1.5升

750毫升

375毫升

187毫升

小瓶装 **1.25杯酒**

半瓶装 **2.5杯酒**

标准瓶 **5杯酒**

大瓶装或是双瓶装 **10杯酒**

什么时候上什么酒？

在你做东的时候，弄清楚客人期待喝什么酒确实令人头痛，以下是一些有帮助的提示：

- 传统上，接待客人用的餐前酒一般都是起泡酒，因为既轻盈又开胃。
- 酒的类别（红葡萄酒/白葡萄酒）应该是50:50，这样客人可以自如地挑选自己想喝的酒。如果是想取悦一群人的大party，中等酒体的酒会最受欢迎。
- 在大型的活动上提供口感甜润的选择，尤其是那种能吸引不同年龄段客人的酒，大部分人都不会主动选择干型的口感而是一些略带甜感的酒。
- 白天的活动选择较为清爽的酒，如年轻、低酒精度的酒，且预算可以比晚宴用酒低廉一些。
- 对于有多道菜式、多款酒的正式晚宴：
1. 用起泡酒作餐前酒或前菜的搭配；
2. 白葡萄酒在前，红葡萄酒在后，轻盈酒体在前，重酒体在后；
3. 用甜酒或强化酒作结尾。

了解你的酒杯

在任何容器中葡萄酒尝上去都挺美味的，甚至直接对瓶吹也可以，但往往还是会有专业的葡萄酒杯作侍酒用。就像是在黑暗的电影院中观众的注意力只能集中在银幕上一般，特定的大肚子的专业酒杯可以让我们更好地欣赏酒的香气。

杯型分析

大部分玻璃杯或水杯都是以方便好用为设计理念，比如郁金香杯型以容量大为要点。葡萄酒杯不是这样，它们是为了取悦你的鼻子。每一个设计要点都是围绕于摇杯、鼻闻、保持酒温等——所有的要素都是为了突出葡萄酒的香气。市面上各种各样的葡萄酒杯，有些还专门为某种类型的酒设计。但一支功能性强的葡萄酒杯应该可以让你全面享用所有葡萄酒——从意大利起泡酒普罗塞克到强化类型的波特酒。

边缘

酒杯的这部分不盛酒有两个原因：让酒在晃杯的时候不被摇酒出来，同时增加其表面和空气接触的面积；并让酒的香气有一个集中度的保持。

杯中酒

葡萄酒杯被设计为承载5~6盎司（150~180毫升）酒。作为约定俗成的规矩，酒量不应该超过酒杯容积的一半，或是倒到杯肚最宽的地方，来最大化酒液的表面积好散发香气。因此酒杯整体为10~12盎司（300~350毫升）的容积是最合适。

杯颈

葡萄酒杯的杯颈是被用来作把手的，好让你的手不直接捏着杯肚。人体的温度对酒质的表现影响很大。杯颈的长度应该和人手指握颈的宽度舒服地对应。

杯底

用来让杯子立住。

杯口

葡萄酒杯最脆弱的地方就是杯口，所以实用的杯子通常有一个结实的滚边杯口。高级的酒杯总是有一个更薄、切割更精准的边缘，但这也确实更易碎。

杯肚

葡萄酒杯应该有一个大肚子和相应窄的收口来集中葡萄酒中的香气。杯肚最宽的位置应该离杯底更近，整体有10~12盎司（300~350毫升）的容积。

这部分的总结：

葡萄酒杯的形状看上去确实不同寻常，很大一部分原因是为了香气而不仅仅是味道。

选择对的杯型

白葡萄酒杯往往会比红葡萄酒杯小一些，因为前者的香气没那么浓烈，如果杯子太大可能香气会显得薄弱。相对而言，红葡萄酒如果在小杯子中香气也会过重。如果是一样的杯子形状，那就白葡萄酒倒高些，红葡萄酒倒低些。

在随意的咖啡店里，葡萄酒常常用6~8盎司（180~240毫升）的"巴黎高脚杯"来盛得满满的端上来，限制了你适宜闻香的条件。在好餐厅，昂贵的葡萄酒有时会倒在巨大的、能装一整瓶750毫升葡萄酒的水晶酒杯中。为特定品种订制的酒杯确实形状好看但也不是欣赏一款好酒的必要条件。

白葡萄酒风格　**红葡萄酒风格**

咖啡店风格

奢华风格

其他葡萄酒杯

还有两种葡萄酒杯是与正常高脚杯完全不同的：起泡酒杯和较为集中的强化葡萄酒酒杯。起泡酒在较大的与空气接触的表面积会很快失去气泡，所以常常倒入瘦高的笛型杯中。有高糖分的甜酒和高酒精度的强化酒常常以2.5~3盎司（70~90毫升）的量被饮用。它们的香气在标准的葡萄酒杯中可以发挥正常，但在小一点的杯子里会更好看。

雪莉酒杯和香槟笛型杯

为什么要醒酒？

许多老年份的优质葡萄酒常常需要在饮用前从瓶中倒出来才会有最佳表现，醒酒的原因主要有两点：

● **去除酒渣**
在十年甚至更久的陈酿之后，红葡萄酒往往会有一些沉淀物，或者年轻未经过滤的酒也会有。轻柔地将酒倒入一个醒酒器中可以把澄清的酒汁和沉淀物分离开。

● **让年轻的酒呼吸变柔顺**
对于那些优质但还未达到适饮顶峰的葡萄酒，些许的空气接触可以让香气开放些，让在酒窖中陈酿演化的气息有可能被复制出来。

葡萄酒的温度

葡萄酒的风味会因为温度的因素产生诸多不可控的变化，因此我们会尽量以一个均衡的温度和相应少量的酒进行服务，将酒瓶存放在冰桶中，并且捏着杯脚举起酒杯。将酒保持在室温或是冰箱冷藏的温度都很容易，但大部分人就是要二者之间的温度：比室温低一些，比冰箱冷藏的温度高一些。

你的酒，你做主！

在所有的条件都具备的前提下，每个人对酒温度的喜好都会有很大的不同，最重要的是以你自己喜欢的方式喝酒。如果想冰你的红葡萄酒或是升温你的白葡萄酒，不要理会那些所谓专家，做就是了！

不过，还是要记住，如果你的酒喝上去过于冷淡，可能需要升点儿温，如果酒喝上去略微懒散或是缺乏新鲜度，那最好再冰一冰。

我们为什么不冰红葡萄酒？

一般来说唯一不用冰着侍酒的品类就是红葡萄酒，因为酒中的单宁及葡萄皮赋予颜色的其他的物质在低温中饮用会显得收缩感强和些许苦感。

试试这个

打开两瓶葡萄酒，一瓶冰好的白葡萄酒和一瓶室温红葡萄酒。

● 将每款酒倒两杯出来，再分别拿出一杯放入冰箱。

● 5分钟之后，四杯酒放在一起做对比品鉴。

两杯放入冰箱的酒似乎香气和口感都比室温的那两杯略弱一些，但也更新鲜。低温的红葡萄酒的单宁感更强壮粗糙。而高温的那两杯则正好相反，有更多的香气和味道，同时酒精度也略高，新鲜度略低，干红的单宁也更顺滑。大多数人会发现那杯冰的红酒并不愉悦，而冰的白酒则更佳。

冷藏葡萄酒

将还未开瓶的葡萄酒冷藏起来是个坏主意，因为酒瓶可能会炸裂搞得一团糟。但为了保存开瓶的酒冷藏是个好主意：比抽真空更有效，后者会让酒的味道变平淡；也比惰性气体储酒器更长寿，后者仪器很容易坏掉。酒在开瓶之后会向两种方向变坏。一是氧化，让酒变成醋；二是酒在挥发中失去的味道再也回不来。这两个过程在冷藏过程中都会被无情地碾压，酒的味道会有最低程度的损失，红葡萄酒中的沉淀会有些许褪色。但起泡酒、非常成熟的酒或是精致的酒依然并不适合冷藏。冷藏的时候尽量让瓶身垂直，好让橡木塞不要与酒液接触，不然会对口感也略有影响。

客观的温度

　　你可以在任何温度条件下喝你的酒——比如甚至冰红葡萄酒。但如果你要招待客人的话，还是先参考一下标准的温度建议。

红葡萄酒的侍酒温度

- 红葡萄酒的适饮温度最好在15～21℃。
- 轻酒体的红葡萄酒温度略低，重酒体的红葡萄酒温度可以略高。
- 让红葡萄酒存放在室温中，在饮用前放在冰箱里冷藏5～15分钟。比如轻盈的法国博若莱可以冰15分钟，而阿根廷的马尔贝克冰5分钟就好。
- 波特酒是另一个例外：尽管它们是红葡萄酒也很强壮，但其强烈口感要像白葡萄酒一样冰才更平衡。

其他葡萄酒的建议侍酒温度

- 干白、桃红、起泡、强化和甜葡萄酒的适饮温度为4～10℃。
- 轻酒体的葡萄酒温度略低，重酒体的葡萄酒温度可以略高。
- 把这些酒存在冰箱里，饮用前5～15分钟拿到室温中。比如重酒体的霞多丽可以提前15分钟拿出来，轻酒体的灰皮诺可以提前5分钟拿出来，而最轻的酒体如西班牙CAVA起泡酒，可以直接从冰箱里拿出来喝。
- 甜酒是一个例外，尽管其酒体也很重，它们的适饮温度还是越低越好。

从酒体来判断温度

如果该表中没有涉及，重酒体的温度可以略高，轻酒体的温度可以略低。

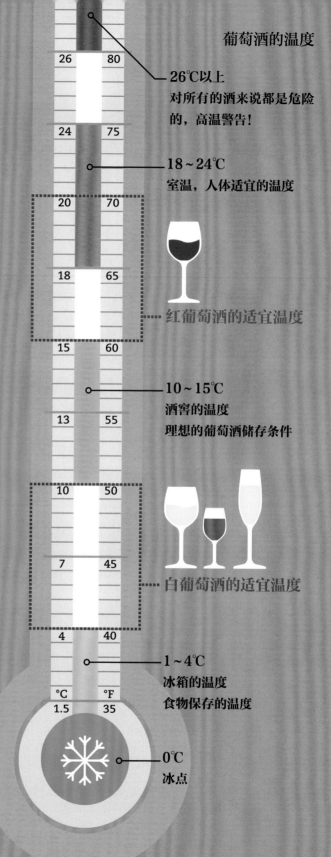

26℃以上
对所有的酒来说都是危险的，高温警告！

18～24℃
室温，人体适宜的温度

······**红葡萄酒的适宜温度**

10～15℃
酒窖的温度
理想的葡萄酒储存条件

······**白葡萄酒的适宜温度**

1～4℃
冰箱的温度
食物保存的温度

0℃
冰点

葡萄酒的陈酿

任何在几个月内就被计划喝掉的葡萄酒可以储存在冰箱或是室温，但是长期的储存需要对葡萄酒更好的条件——尤其是低温和避光。葡萄酒是随着时间的流逝最容易变质的产品，甚至会比新鲜的葡萄还容易变坏，但所有的葡萄酒都会经历一个氧化、变成棕色和死掉的过程。

不是所有的葡萄酒都可以陈酿

当代流行的说法是大部分葡萄酒并不会随着陈酿质量变好。有许多酒可以在它们彻底恶化之前存很长时间，但其新鲜的果味会丧失，只有很少的酒才有足够集中的酒体来发展出新的香气来代替新鲜果香。

这种优越、复杂的香气来自自然的成熟，在瓶中由酯类和酚类物质的化学反应演化而成。一款刚开瓶就缺乏"物质感"的酒会因为陈酿更为松散和疲惫。而那些缺乏抗氧化的单宁和高酸度的酒也不能抵抗氧化的攻击。只有很少数富有集中度的葡萄酒才能从长时间耐心的酒窖陈酿中获益，这也使之成为昂贵葡萄酒。

葡萄酒寿命阈值

超过 90% 的酒是被酿作即时饮用的

少于 10% 的酒应该在 5 年之后喝掉

少于 1% 的酒应该在 10 年之后喝掉

现实状况：

- 尤其是对于干白、桃红和起泡酒。

- 任何必要的陈酿已经在进入市场前于酒窖中完成了。

- 被很好酿造的酒不会立马走下坡路但也很难有所提高。

- 便宜的葡萄酒最容易老化衰落。

- 桃红酒和新酒是最不稳定的，应该在6个月之内被喝掉。

现实状况：

- 它们必须有着足够高的集中度才能发展出新的风味。

- 大部分这类葡萄酒是红葡萄酒，尤其是有着高单宁和糖度可以增强生命力。

- 一般而言，这些酒也是优质而高价的酒，以传统的方式酿造。

现实状况：

- 最为优质的高单宁的红葡萄酒在年轻时品尝起来并不愉悦，需要时间来柔化它们。

- 这一类型的酒也属于行家的酒，稀少而昂贵。

洞悉陈酿的秘密

许多年以前，预测一款酒何时会衰落是很容易的事：你只要记住几个葡萄品种和风格就好了。现在，市场倾向于选择那些可以立马饮用的酒，大部分生产商也在尽量满足这一需求。但酿造一款可以立马饮用的酒也说明这是款会很快衰落的酒。唯一能确定一款酒是否能够陈酿的方式就是开瓶后放着，看其发展。每次给你自己倒一两杯，然后再封瓶放在柜子上，如果第二天这酒比前一天好喝了，那就是一款可以陈酿的酒，开瓶后酒质挺得时间越长说明可以在酒窖里陈酿越久。但是当酒已经不如刚开瓶时愉悦了，那就尽快在几个月内喝掉这批酒。

如何储存葡萄酒

葡萄酒最理想的储存条件是自然的地下室：暗黑、潮湿、安静、低温。10~15℃是酒能继续陈酿的理想温度，但几乎很少人能承担一个酒窖或是酒柜，所以这一点不是必须的。食品贮藏间或是普通的柜子都可以让酒躺着存放，最好是在盒子里或是挨着地面凉的地方。天然的橡木塞会干缩，从而导致空气的进入，水平摆放酒瓶可以让酒塞保持湿润膨胀，从而紧紧地塞住瓶口保护酒液。

章节回顾

以下是这一章节你应该学习的重点。

✓ 一般来说一杯酒应该有5盎司（150毫升）葡萄酒，所以一支标准瓶的酒应该能倒5杯酒。

✓ 标准瓶型的容量是750毫升。一支利乐纸盒包装的酒的容量为3升，即4瓶标准瓶的酒。

✓ 葡萄酒在任何容器中都可以很美味，但是欣赏香气必须在葡萄酒高脚杯中。

✓ 葡萄酒杯是被设计用来闻香的，其形状建立在摇杯、闻鼻和保持酒的温度几大功能上——都是为了强调香气而存在。

✓ 醒酒有两个原因：移除老酒的沉淀和让新酒呼吸和圆润。

✓ 葡萄酒的风味要依靠香气分子的挥发来感受，后者对温度十分敏感。这就是为什么要在适宜的温度下侍酒和饮用。

✓ 每一款酒的适饮温度都有很大的不同。你应该以你自己喜欢的方式来喝掉它。

✓ 唯一并不需要冰酒的是红葡萄酒，因为单宁和其他来自葡萄皮的成分在低温中会表现得十分收敛并带出苦感。

✓ 红葡萄酒的适饮温度为15~21℃，所有其他的葡萄酒——干白、桃红、起泡、强化和甜酒的适饮温度为4~10℃。

✓ 许多葡萄酒在其衰落之前都可以储存一段时间，但只有很少的一部分有足够集中的酒体来演化出新的风味和香气来代替陈酿中失去的香气。

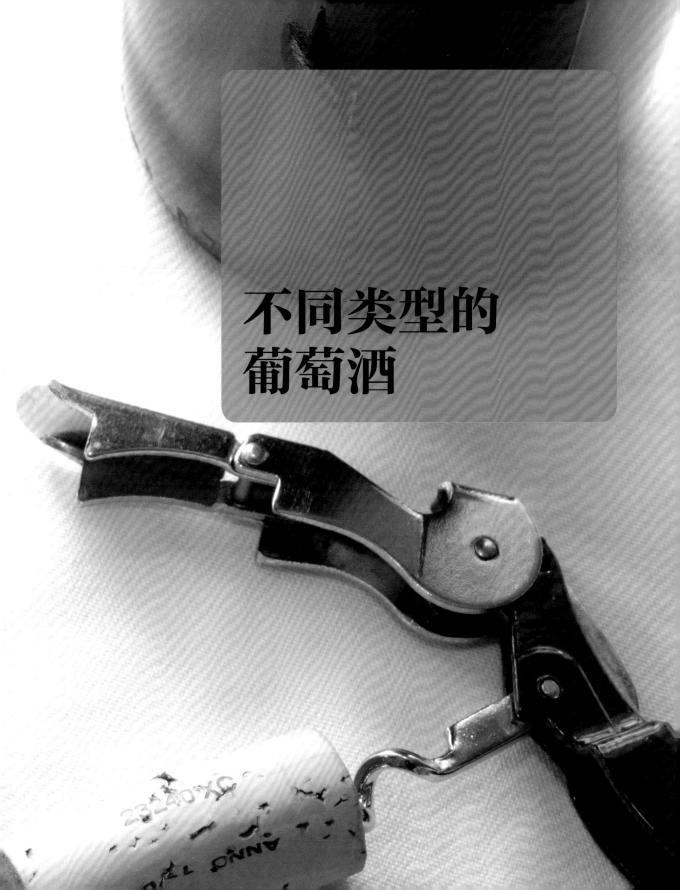

不同类型的
葡萄酒

无数葡萄酒的选择、令人费解的酒标上的信息实在让人头疼。我们下意识的选择是一样一样地学习，这对于初学者来说不是一个明智的选择——因为酒实在太多了。比起深入地了解某一款酒，不如抽离出来了解一下整个葡萄酒的蓝图构造。

抓住葡萄酒最核心的知识点就可以帮助一个初学者直观地从各种感官上了解葡萄酒：颜色、味道、气息和口感。比如，葡萄是有一个可预知的成熟过程，不是所有的酿酒葡萄都有一样的成熟期。不同的成熟度导致不同的葡萄酒有许多差异——从酒精度到酒体，从木桶陈酿到酸度。这些专业的层面不仅仅可以让受过这些基础训练的人分辨出酒的不同，还能进行复杂的餐酒搭配。

观察
葡萄酒的类型

成熟度

  一个专业的葡萄酒从业者比其他的葡萄酒饮用者拥有的技能是通过品酒，前者能告之每款酒的不同，甚至仅仅知道葡萄品种和产区就能做基本判断。葡萄固有的生物特质和酵母给了酿酒过程一个限度，从而留下在味道上不变的、具有辨识度的特征。对基本知识的稍许了解比如葡萄是如何成熟的就可以帮助初学者在开瓶前就了解到葡萄酒的酒体或较轻或较厚重，或收敛或开放，或甜或干等特点。

葡萄酒类型

专业人士知道有清晰、特定的因素赋予葡萄酒不同的风格特质，他们也用这些知识教育消费者如何在开瓶之前知道这酒喝上去会是什么味道。在使用以下几个规律时你并不需要记住数十个葡萄品种或产区就可以自己选酒了。

通过酒的风格来定义

衡量葡萄酒的世界要对其分类和范围有个基本的了解。葡萄酒可以粗略地通过两个最重要的点来感受：酒体和风味的集中度。能够准确地对这两点进行度量就可以让饮用者有一个专业的水准——这款酒和那款酒的酒质有何不同？

但是为什么是酒体和风味？这两者都是每个人都可以感知的感官，并且对于初学者容易认知。而这二者的感知度也和其他的葡萄酒感官息息相关，比如酸度、木桶气息和单宁度。但最重要的是它们与我们在开瓶前就能观察到的如颜色和酒精度也相关。

破解葡萄酒密码

通过估量酒体和风味常常可以总结出相应的规律。颜色清淡的酒比颜色浓郁的酒在酒体上更轻盈，风味上更轻柔。白葡萄酒的类型风格比红葡萄酒丰富得多，桃红葡萄酒集合白葡萄酒和红葡萄酒的共同特点。起泡酒常常酒精度略低。

这些总结看似平庸，仅仅抓到了表面问题。如果更深入地从感官上研究葡萄酒的类型，就可以揭示很多现象是如何关系到本质的。这些基本要素帮助葡萄酒专家衡量葡萄酒世界——同时也可以更好地帮助你选酒。

列出主要特质

对于新手而言，通过葡萄酒的酒体和风味的集中度十分有利于描绘出酒的风格。这可以提供十分有用的信息，以了解如何选择不同类型的葡萄酒并记住其味道。

酒体
重酒体的酒：
较高酒精度、口感较丰满
它们也常常有如下表现但不是绝对：
风味浓郁·使用橡木·装瓶前有一定的陈酿·酸度较低·来自温暖产区·有可能用烈酒做过强化

轻酒体的酒：
较低酒精度、口感较轻薄
它们也常常有如下表现但不是绝对：
风味轻盈·几乎不使用橡木·在年轻时装瓶上市·酸度高·来自寒凉产区·有可能带有二氧化碳，起泡

风味
轻盈的酒：
在风味和香气上较收敛·常常伴随植物/泥土的气息·很少使用橡木
它们也常常有如下表现但不是绝对：
低酒精度·颜色浅淡·在年轻时装瓶上市·高酸度·来自寒凉产区

浓郁的酒：
在风味和香气上较集中·常常伴随烘烤/香料的气息·常常使用橡木
它们也常常有如下表现但不是绝对：
高酒精度·颜色较深·在装瓶前陈酿·低酸度·来自温暖产区

认识下面这张图会让你理解葡萄酒的
各个因素是如何体现为不同味道，可以帮助
我们摒除其他干扰的细节。

白葡萄酒

如霞多丽和灰皮诺

起泡葡萄酒

如香槟和普罗塞克

桃红葡萄酒

如安茹和塔维勒

红葡萄酒

如西拉和奇安蒂

加强葡萄酒

如波特和雪莉

重

一个酒的酒体是指其厚重程度或是"体量"。它与一款干型葡萄酒中的酒精度呈正比。

酒体

一款酒的风味的集中度是指香气成分的集中程度，我们会把它同时理解为气息和味道。其中包括一款酒的果味和橡木味成分。

轻

轻盈　　　　**风味**　　　　**浓郁**

影响风味的三个因素

葡萄酒常常在酒标上写明品种，但原料并不能告诉你这款酒会是什么味道。还有两个额外的因素在塑造葡萄酒的风味和风格时起到重要的角色。

同一个品种，不同的味道

在葡萄酒的味道中，葡萄品种只是一个起点，随后才要被更重要的两个因素所形成和改变：葡萄园周遭的自然环境和人类耕种行为的介入。久而久之，即使是一个品种但是在不同的环境中以不同的手法酿造出的酒喝上去也会完全不同。这三个控制葡萄酒味道的变量如下。

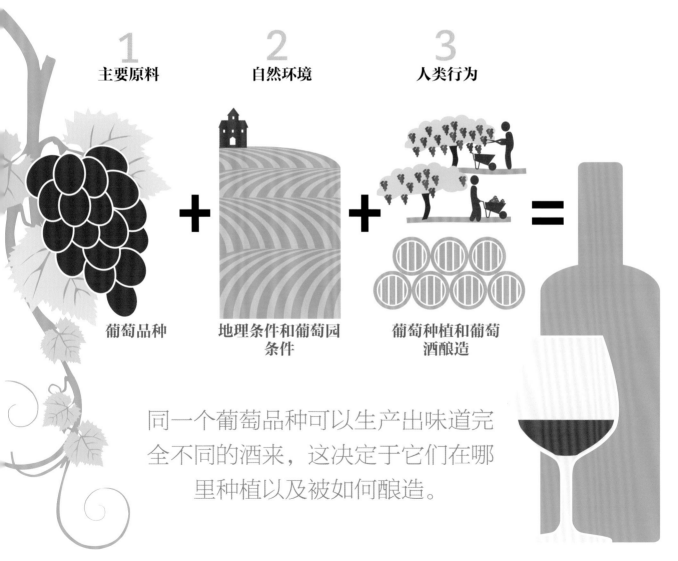

1 主要原料

2 自然环境

3 人类行为

葡萄品种

地理条件和葡萄园条件

葡萄种植和葡萄酒酿造

同一个葡萄品种可以生产出味道完全不同的酒来，这决定于它们在哪里种植以及被如何酿造。

难以意料的相似

我们在购买葡萄酒的时候会盯紧品种看，因为那是酒标上最显眼的部分。然而仅仅从品种判断而忽略另外两个因素是新手才会犯的错误。比如，黑皮诺和西拉就能酿成很多不同风格的酒。但是一个法国勃艮第的黑皮诺和一个法国罗讷河谷的西拉比起来自其他新世界国家或地区如加利福尼亚州或奥地利的同一品种反而有更多的相似性。相似的酿酒文化背景和风土赋予这两种法国酒的特质远大于葡萄品种所赋予的血缘特征。同样的道理，一款加利福尼亚州的丰满的霞多丽可

能跟一款阿尔萨斯的灰皮诺更相似，而不是一个来自法国夏布利的轻酒体的霞多丽，因为加利福尼亚州和阿尔萨斯都阳光灿烂而温暖，而寒冷的霞多丽则与其他来自较冷产区的白葡萄酒更相近，如意大利北部的灰皮诺。

纵观整个地图

比起来自完全不同地域和气候的同一品种的酒，那些来自相近产区或相似气候的酒品尝起来味道更接近。

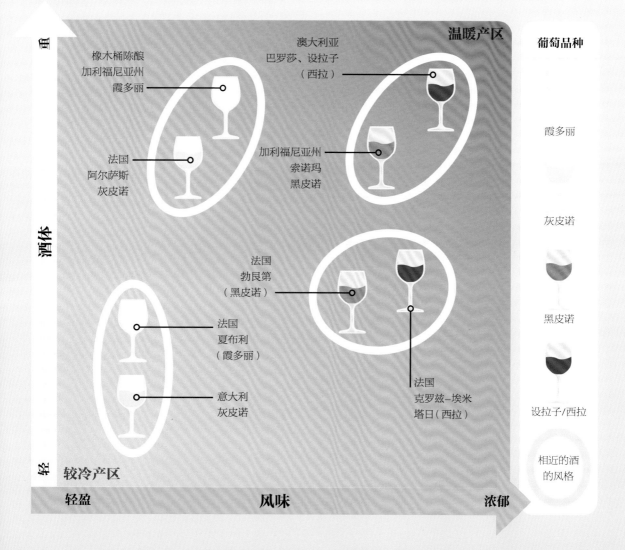

品鉴：
认知不同类型的葡萄酒
在家做八款葡萄酒的品鉴

排列出4款白葡萄酒和4款红葡萄酒，在酒体和整体的香气集中度上进行比较。

非常轻的酒体和最轻盈的香气	轻酒体和轻盈香气	中度酒体和中度香气	重酒体和中度香气
①	②	③	④
阿斯蒂麝香	普罗塞克	长相思	木桶发酵的霞多丽

比如：
意大利，来自加利福尼亚州或澳大利亚的意大利风格的麝香葡萄酒。

关于这款酒
这种酒用并不常见的芬芳型葡萄酒酿造。麝香葡萄独特的芬芳气息可以酿出香气明显的酒但同时酒精度较低。

比如：
来自意大利威尼托或威尼西亚的意大利风格起泡酒。

关于这款酒
有优雅、收敛的口感，一般成熟度较低——这是为了在温暖产区保持较好的新鲜度，并更好在日间饮用。

比如：
新西兰马尔堡产区的长相思。

关于这款酒
有明显的丰润质感和较集中的香气与风味，这得益于一款芬芳型葡萄的较好成熟度。

比如：
一款来自加利福尼亚州索诺玛镇、俄罗斯河谷、圣塔芭芭拉或卡内罗斯的霞多丽。

关于这款酒
口感十分丰满，这是因为足够的阳光和来自新木桶的帮助。

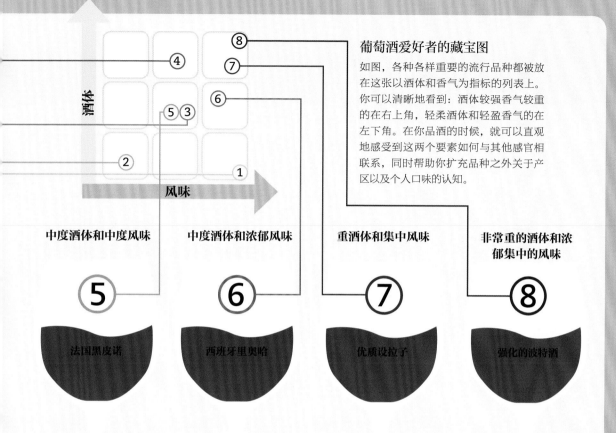

酒体

风味

葡萄酒爱好者的藏宝图

如图，各种各样重要的流行品种都被放在这张以酒体和香气为指标的列表上。你可以清晰地看到：酒体较强香气较重的在右上角，轻柔酒体和轻盈香气的在左下角。在你品酒的时候，就可以直观地感受到这两个要素如何与其他感官相联系，同时帮助你扩充品种之外关于产区以及个人口味的认知。

中度酒体和中度风味	中度酒体和浓郁风味	重酒体和集中风味	非常重的酒体和浓郁集中的风味
⑤	⑥	⑦	⑧
法国黑皮诺	西班牙里奥哈	优质设拉子	强化的波特酒

比如：
勃艮第大区酒或是更深入的梅尔居雷或桑特奈

关于这款酒
这一经典的风格对于干红来说属于轻柔甚至低成熟度的类型，但对于整个酒体来说还是属于中度酒体，有虽然收敛但精致的香气。

比如：
佳酿里奥哈，或类似甚至更强的陈酿里奥哈

关于这款酒
更成熟更强壮，但在酒体上没有那么重。香气集中主要是被新木桶的香气强化。

比如：
优质的澳大利亚设拉子，来自巴罗萨或麦克拉伦谷

关于这款酒
对于一款非强化酒而言有着相当的集中度和酒体，这得益于南澳州卓越而丰富的日晒。

比如：
葡萄牙迟装瓶的年份波特，或是一款波特风格、来自加利福尼亚的强化金饭酒

关于这款酒
这类酒会用蒸馏出来的葡萄白兰地做强化，用酒精度来保存酒体并让风味更为集中。

为什么产区比品种更重要

葡萄酒的特征如颜色、风味和酒精度几乎都直接源自于所使用的葡萄的颜色、风味和糖度。在葡萄园中，地理和气候因素对这些性状起的影响正如同葡萄对酒产生的影响。

成熟度梯形表

作为普遍的规律，大部分葡萄酒中的特质都是随着葡萄的成熟度递增的，只有某些其他特质是反比例下降的。下面这个图表直接显示了在葡萄园中的光照量如何影响葡萄酒的成熟度

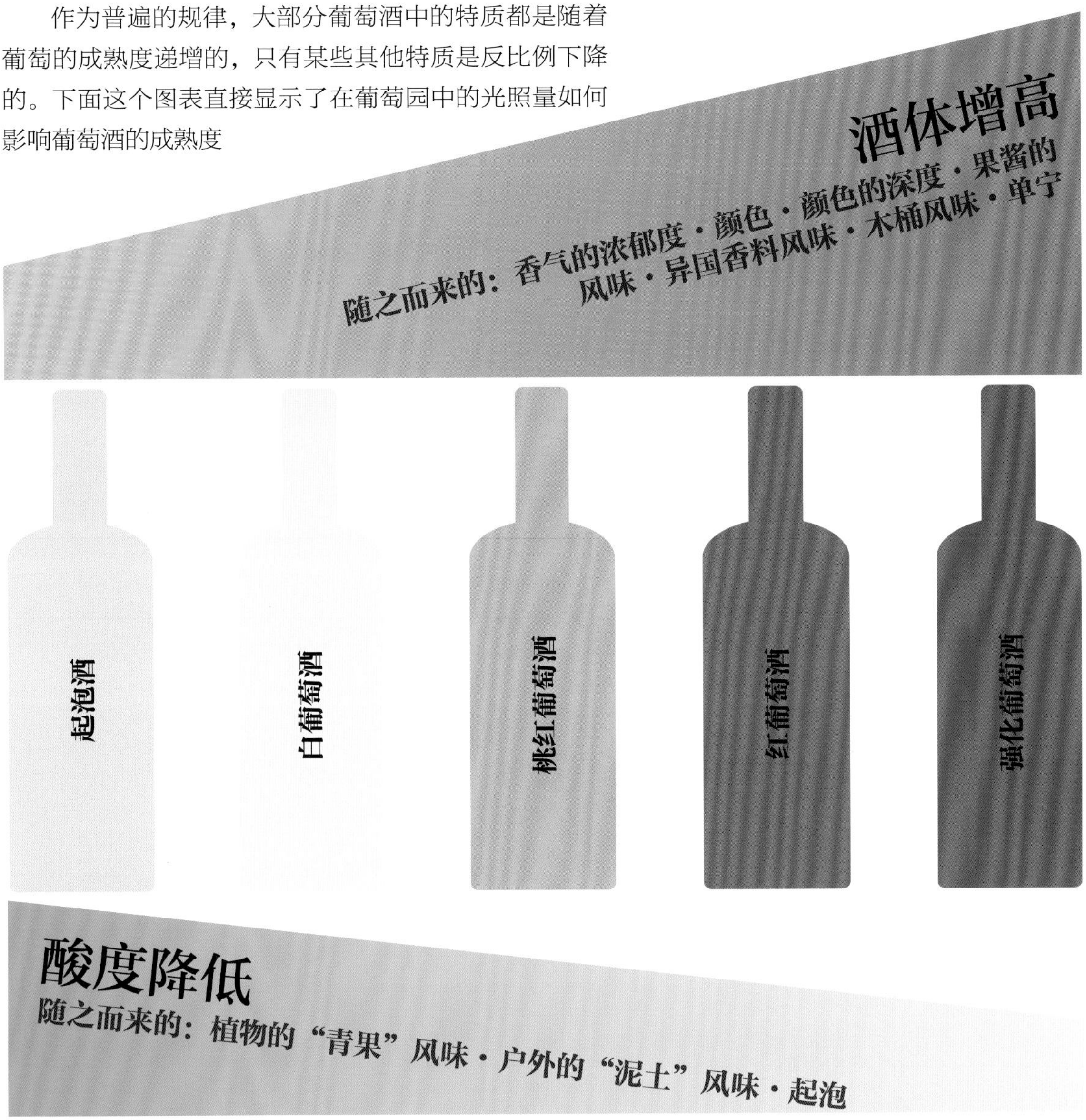

酒体增高

随之而来的：香气的浓郁度·颜色·颜色的深度·果酱的风味·异国香料风味·木桶风味·单宁

起泡酒

白葡萄酒

桃红葡萄酒

红葡萄酒

强化葡萄酒

酸度降低

随之而来的：植物的"青果"风味·户外的"泥土"风味·起泡

对葡萄品种和酿造方式而言，太阳对葡萄的成熟度起到重要的作用，从而影响酒最终的风格。

对于红葡萄酒和重酒体的酒，葡萄必须十分成熟

因为这类酒的葡萄需要很多阳光和温暖的气候，红葡萄酒与重酒体的酒倾向于来自阳光灿烂、温暖、干燥的地方。

为了最大化地发掘成熟潜力，种植者常常会让果实尽量长时间地留在葡萄藤上。

对于白葡萄酒和轻酒体的酒，葡萄不应该过于成熟

因为这类酒的葡萄如果接受过多阳光和热量会表现不佳，白葡萄酒和轻酒体的酒就常常来自较冷、多云和潮湿的地方。

为了避免葡萄过熟失去新鲜度，种植者会尽量早地进行采收。

成熟度：关键要素

在解释葡萄酒世界是如何运作的以及与之不同的葡萄酒的味道时，没有任何一个原因像成熟度一样重要。

从吃着生到吃着甜

成熟度是一个果实成长的最终阶段，当它已经可以采摘的时候，也是味道和新鲜度最完美平衡和最美味的时候。成熟度可以将果实从坚硬、酸涩的阶段提升到甜美、多汁的阶段，同时颜色也从绿色转换为水果们各自该有的颜色。我们用"青果"描述那些不成熟的味道——酸、苦、蔬菜的绿叶子味——但也有些水果，比如绿苹果和白葡萄，在成熟和变甜后还是绿色。植物从阳光中汲取能量，通过光合作用，各种水果最终的成熟度都取决于在收获前几周的阳光。

更长时间的光照和热量

多方面的成熟

对于酿酒师而言，准确地在成熟时刻采收葡萄要求非常严格，因为这锁定了其原料最重要的味道因素。糖度是考虑采收时间的主要考量因素，因为这决定了酒的潜在酒精度。然而许多其他因素也在考量范围内，比如果实的酸度、单宁度和酚类物质的含量。

从技术上讲，在酿酒师之间"完美的成熟"并没有一个准确的定义，每种葡萄的成

移动的目标

在葡萄成熟时会发生许多改变。果粒越来越大、越来越柔软、多汁，尝起来更甜，酸度更低了；它们的味道也从寡淡的生青气息转向集中的果味；如果是紫色的品种，其果皮颜色也会越来越深。

酸度

甜度

果皮颜色

果味

水果最终的宿命就是变成熟——要甜熟好吃

分都会随着地理、天气和种植方式的不同有所改变。当葡萄仅含有18%的糖分时，在雷司令的种植地，寒冷的德国摩泽尔就已经可以视为成熟了，但对于加利福尼亚赤霞珠就绝对不是，后者的糖分低于24%都被视为不成熟。同时，酿酒师也可以依据要酿造的不同风格的酒来决定是早采摘还是晚采摘，起泡酒和干白都要略早采收好收集新鲜的酸度，或是为了更好的颜色和果味等待较长的时间采摘，酿造干红的红葡萄酒。

幸运的是，饮酒者并不用适应酿酒师们的成熟度标准。对于初饮者只要划分以下概念就好：将来自较冷产区的雷司令或普罗塞克起泡酒定义为较低的成熟度，将来自温暖产区的赤霞珠和波特酒定义为较高的成熟度。

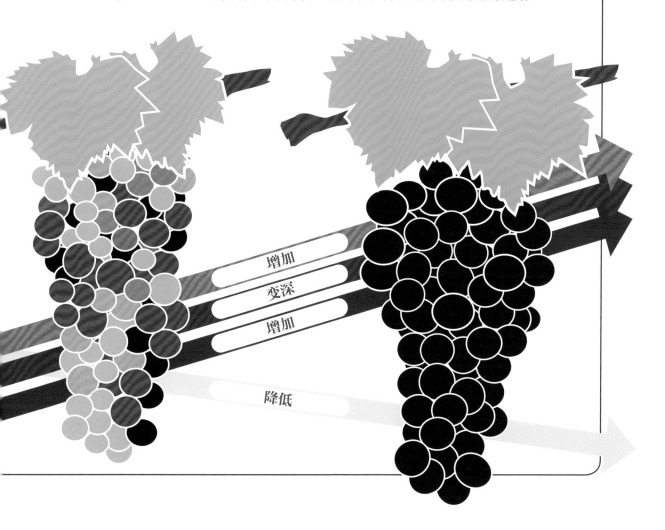

增加

变深

增加

降低

预测成熟度

从酒标上的酒精度基本可以反向推测出这款酒的
成熟度。这是破解葡萄酒世界复杂密码的重要步骤。

一个例外

一旦是一款强化酒或是
甜酒，酒标上的酒精度
就与葡萄本身的成熟度
没有直接关系了。

让风味更丰富

吸收更多阳光的葡萄会变得更成熟，这会让
酒在各个方面的感官都有一个加深。更甜的葡萄
酿出来的酒相应会有更高的酒精度。这些酒入口
口感更重同时风味也更浓郁。成熟的葡萄尝起来
更浓郁也是因为它们拥有更多的风味物质，同时

也因为酒精挥发量更快。

即使是在低温之下，这个量的酒精从酒中所能带
出的香气和风味也可以像香水味道一样明显。较
好的成熟度还能让红葡萄酒的颜色更深。

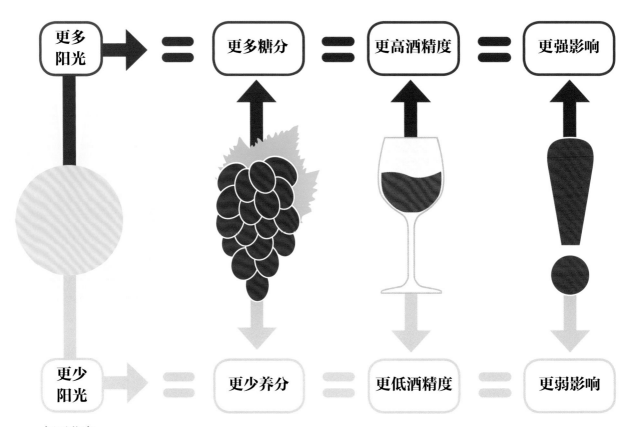

解码秘密

酒标上最重要的一条信息用最小的字体印刷。酒精度可以告诉你
许多关于酒大约品类的信息。

低于13%

酒基本使用低成熟度的葡萄：
在质感上比较淡薄，酸度较高，味道中和，颜色较淡，几乎不用橡木桶，有可能是起泡酒

....

比如：
法国香槟
西班牙阿尔瓦里尼奥
意大利奇安蒂

....

13%～14%

酒基本使用中成熟度的葡萄：
在质感上比较中等，酸度中等，味道中等，颜色中等，有可能使用橡木桶，几乎不会是起泡酒

....

比如：
澳大利亚霞多丽
法国波尔多干红
美国俄勒冈黑皮诺

....

14%以上

酒基本使用高成熟度的葡萄：
质感较重，酸度较低，味道浓郁，颜色深沉，常常使用橡木桶，几乎不会是起泡酒

....

比如：
美国加利福尼亚州增芳德
阿根廷马贝克
法国教皇新堡

....

酒精度可以告诉你的

在干型葡萄酒中，几乎没有葡萄的糖分被保留下来，因此成熟度直接表现为酒精度，且这个度数必须在酒标上标明。从13.5%的数值上我们就可以对这款酒的味道基本预估出来。我们知道高酒精度的酒入口感觉酒体会较重，同时也会从这个高成熟度预知它们酸度不会那么高，香气会比较集中，果味也较浓郁。低酒精度的酒则正相反：轻酒体、中等香气、更多植物香气。

酒精度所昭示的内容不仅如此。有的酒的因素可以完全人为控制，比如木桶的使用和起泡的程度，伴随着高成熟度或低成熟度，这二者的关系更要从美学的平衡度来分析。使用木桶的酒倾向于拥有高酒精度，而低酒精度的酒则有更大可能性是起泡酒。当然也有例外，但大部分处于13%～14%的酒无法跳脱这个规律，后者在你购买葡萄酒的时候就可以起到很大帮助，通过酒精度来预估酒的味道。

怎么划分品种特点

　　葡萄品种会赋予葡萄酒相当的品性。每一个品种都有其特有的特点和风味。有些葡萄品种十分独特，有些则没有那么容易区分出来。就像苹果和芒果也有不同的品种一样，不同的葡萄品种在新鲜的时候看上去和吃上去也都不同。但当葡萄还要仰仗阳光来发展其果味的时候，葡萄就不是形成葡萄酒味道的唯一因素。

梳理葡萄品种

　　就像孩子们在成长过程中其个性会越来越凸显一样，葡萄品种在年轻时各自差别也不大，但越成熟差异化越明显。

　　认识葡萄品种的传统路数是根据其原产地——比如赤霞珠和长相思来自法国波尔多并且基因上有关联，霞多丽和黑皮诺来自勃艮第。这个知识当然可以帮助我们在商超中做出明确的选择，但是形成饮用者独立的品味，还需要更多从不同感官特性上了解葡萄品种，尤其是相互之间有相似特性的。

白葡萄品种

味道最集中的
品种在最大
的圈中

霞多丽
阿尔巴利诺
白皮诺
白诗南
维尤拉/马卡贝奥
哥列拉/普罗塞克
维鸣提诺

花香品类

麝香
琼瑶浆
维奥涅尔
费阿诺
马勒瓦西亚

灰皮诺

雷司令　**特伦戴斯**
　　　　弗留利·托凯

维纳西阿
赛美蓉

长相思
绿维特利纳
维代罗
沃蒂奇奥

植物香气品类

检测白葡萄品种间的关系

在白葡萄酒中，有一系列苹果和梨子香气的流行品种；最明显的如霞多丽和灰皮诺。但也有一些独特的香气，如绿叶子气息的长相思和花香明显的麝香。有些品种会集几种香气于一身如雷司令，既有苹果香气又有花香还有些许植物气息，如茉莉花茶。一般来说，葡萄香气越浓郁使用木桶发酵或陈酿的可能性越低。对于白葡萄酒，酿酒师使用木桶就像厨师使用香料：为葡萄酒增加一些个性化的气息。

大部分白葡萄酒都有类似于苹果的香气，
但也有一些具有独特香气如花香和植物
叶子香草香气。

花香　　　苹果香　　　植物叶子香草香气

检测红葡萄品种间的关系

除了有较高的味觉集中度，红葡萄品种比白葡萄品种的香气分类也更难以分辨。白葡萄酒香气简单，红葡萄酒则复杂得多，而且还会伴随木桶的气息。然而红葡萄品种还是有一些特定的品类。

大部分红葡萄酒闻上去有深色果皮的水果香气，如樱桃和浆果。大部分流行性品种有黑色水果气息——即黑莓和蓝莓——如赤霞珠和马贝克。一小部分如黑皮诺和桑娇维塞尝上去以红色水果味道为主如草莓和酸樱桃。当大部分红葡萄酒都落在果香的时候，也有一些独特而集中的气息，在香气和风味上都不是果香，而是黑胡椒和八角的气息。因为这些葡萄酿造的酒常常有香料气息，如西拉和歌海娜，我们也把这些品种归入香料和果香的品类。

一剂猛料

红葡萄酒的大部分香气来自于酿酒过程中的浸皮过程，这一过程可以提取出比白葡萄酒浓郁得多的香气和风味。

红葡萄品种

香气最集中的
品种在最大
的圈中

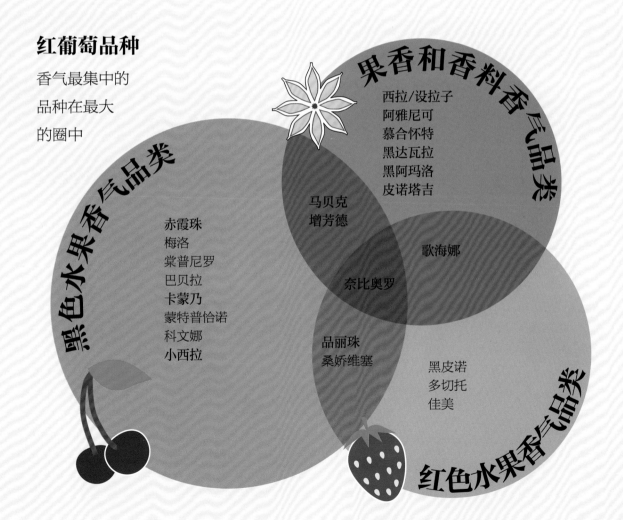

黑色水果香气品类

赤霞珠
梅洛
棠普尼罗
巴贝拉
卡蒙乃
蒙特普恰诺
科文娜
小西拉

果香和香料香气品类

西拉/设拉子
阿雅尼可
慕合怀特
黑达瓦拉
黑阿玛洛
皮诺塔吉

马贝克
增芳德

歌海娜

奈比奥罗

品丽珠
桑娇维塞

黑皮诺
多切托
佳美

红色水果香气品类

大部分红葡萄酒以集中的黑色果味为主，但也有一些更倾向于轻柔明快的红色浆果果香，抑或香料气息更为突出。

香料风味

黑色水果风味

红色浆果风味

章节回顾

以下是这一章节你应该学习的重点。

✓ 抓住**葡萄酒**不同类型的核心规律就可以帮助一个初学者直观地了解其**味道**会如何。

✓ 葡萄酒的味道主要由三个因素塑造：葡萄品种、葡萄园的环境和酿酒师的作用。

✓ 来自**相似产区、气候、不同品种**的葡萄酒比来自**不同产区、气候、相同品种**的尝起来更相似。

✓ 酒中的某些不同特质常常会共同表现得较为**强势**，与此同时另一些特质则表现得**较弱**。这与阳光如何作用于果实最后的**成熟**期直接关联。

✓ 对于红葡萄酒和**酒体厚重的葡萄酒**，葡萄必然成熟度高，对于白葡萄酒和**酒体轻的葡萄酒**，葡萄的成熟度应该不高。

✓ 水果最终的宿命就是**变成熟**——新鲜、甜熟到**好吃**的程度。

✓ 成熟度可以将果实从坚硬、酸涩的阶段提升到**甜美、多汁**的阶段。葡萄在采收前受到更多光照也会有颜色和味道上的转变。

✓ 从技术上讲，在酿酒师之间"**完美的成熟**"并没有一个准确的定义，每种葡萄的成分都会随着地理、天气和种植方式的不同有所改变。

✓ 成熟的葡萄酿出来的酒尝起来味道也更足，因为它们有更多的**风味物质**比如酯类香气，酒精度高也让酒蒸发更快。

✓ 知道**13.5%**这个酒精度基准，你就可以预估这款葡萄酒尝起来大约是什么风格。

白葡萄酒的类型

探索浅色以外的世界

　　白葡萄酒的类型难以置信地丰富——从最浅淡的慕斯卡黛，到最芬芳的麝香；从最轻柔、单薄的雷司令，到最重口味、如糖浆般厚重的雪莉。如果我们仅仅像酒单上以地区和品种来区分它们的话，这些白葡萄酒会充满矛盾互不关联。但如果从另一个角度来看，注意它们的味道和各自在不同感官上的联系，就会更加容易探索和享受瓶中之酒了。

以白葡萄酒风格划分

通过观察不同葡萄酒之间的关系有利于我们在品鉴中发现葡萄酒的规律。将葡萄品种与产区、气候和酿酒放在一起，可以给我们一个直观的感官线索和味道轮廓。

以酒体和风味来绘图

下面这张图表以粗略估计的酒体和风味揭示了流行的白葡萄酒之间的位置。可以看到下面和左面都是来自较冷产区，而更重酒体和更集中风味的酒则来自上面和右面的温暖产区。

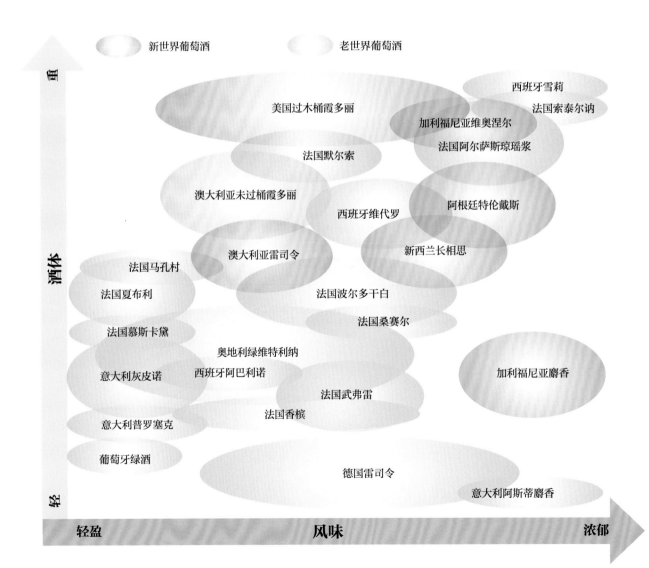

节节升高的风味

有些葡萄品种比起其他的品种天然就有集中、独特的风味，但是阳光和温暖会让所有的葡萄在成熟过程中生发出更多风味。

一般来说，酒精度越低的酒，其风味和香气也就越收敛中和。只有一些特别芳香的品种，尤其是对于白葡萄酒而言，即使在低成熟度的时候也可以有十分愉悦的风味和香气。

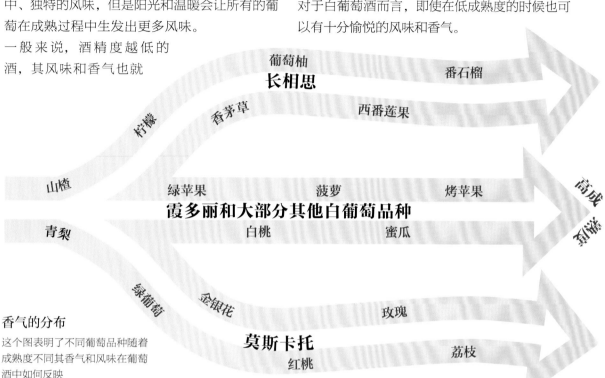

葡萄柚
长相思
香茅草
西番莲果
番石榴

柠檬

山楂
绿苹果
菠萝
烤苹果

霞多丽和大部分其他白葡萄品种

青梨
白桃
蜜瓜

低成熟度

高成熟度

绿葡萄
金银花
玫瑰

莫斯卡托
红桃
荔枝

香气的分布

这个图表明了不同葡萄品种随着成熟度不同其香气和风味在葡萄酒中如何反映

所有不成熟的葡萄香气几乎一样，而阳光和成熟度会带出各自不同的特点。

成为特定品种

在冷凉的产区或是提前的采摘，大部分白葡萄品种酿造的酒会表现出低成熟度才会有的特质，香气中和，有轻柔的苹果的梨子气息。这些酒也同样具有其他低成熟度的特征——比如低酒精度、高酸度和不使用木桶。因此这些特质也处于图中的左下方。

当葡萄达到高成熟度，不管是来自温暖的产区或是延迟采摘，每个品种的香气特性就会越来越明显地出现。大部分白葡萄品种会更有桃子和热带水果的气息，移向图中的右上方。有一些甚至会生发出蜜饯类和烘烤甜点的香气。那些带有明显独特香气的品种，比如芳香的麝香和长相思，也能随着成熟香气更加集中，但是会往另一个它们自己的方向发展。

霞多丽的类型

　　霞多丽是世界上最流行的白葡萄品种，是同一品种在不同产区不同气候下如何表现不同最好的范例。首要原则就是成熟程度，地理和气候是主要角色。然而，酿酒工艺也会进一步影响结果，尤其是那些对风味有强烈影响的步骤。

优势和劣势

　　像许多白葡萄品种一样，霞多丽的香气和风味都比较低调，其成熟的果味依靠成熟度来传递。不像其他大部分品种，即使是在不同的成熟度之下，霞多丽也可以拥有富有吸引力的质感和平衡的酸度，在最寒冷和最温暖的产区都可以出产顶级品质的好酒。其最大的弱点是香气实在比较中和，因此酿酒师常常会给它增加一些风味的集中度和丰满的口感。对于静止葡萄酒，木桶发酵和陈酿可以增加来自橡木的烘烤的甜点香料香气。对于起泡酒，陈酿的策略依然被使用，只不过是用酵母沉淀物或酒脚来代替，提供面包和烤面包皮的香气。

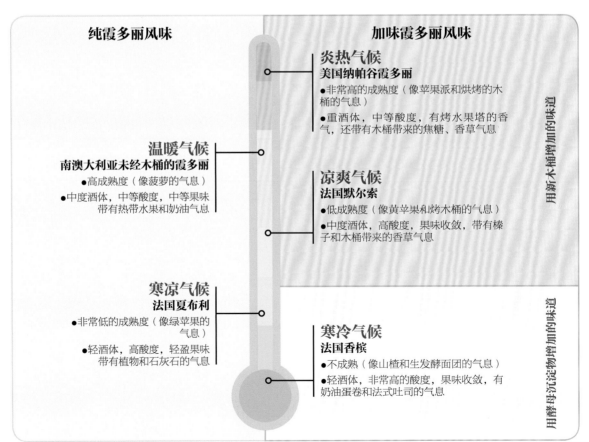

品鉴：
定义不同的霞多丽范围

在家做三种霞多丽的品鉴

将三款酒如下排列，在你从寒冷产区尝到温暖产区的时候注意每款酒特点的变化，这也是同一品种不同成熟度的变化。

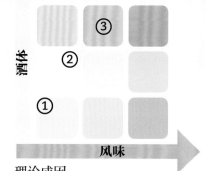

理论成因

这些霞多丽放在酒体和风味表格上会处于如上位置，决定于其葡萄成熟度、酿酒工艺和传统。

低成熟度，无木桶	中等成熟度，无木桶	高成熟度，新木桶
①	②	③
法国勃艮第干白	新世界国家未经木桶的霞多丽	新世界国家经过木桶的霞多丽

比如：
夏布利或其他未经木桶的干白，如马孔村庄级、吕利和博若莱干白

••••••••••••••••••••••••

你能否分辨出……？
浅淡的颜色；非常低的糖度/非常干；高酸度/尖利的酸度；果味清淡；没有木桶味道；低到中度酒精度

比如：
澳大利亚或其他新世界如美国加利福尼亚州、智利、南非的未经木桶的霞多丽

••••••••••••••••••••••••

你能否分辨出……？
浅淡的颜色；低糖度/干型口感；中等酸度/明显的酸度；果味清淡；没有木桶味道；中到高度酒精度

比如：
纳帕谷或是其他新世界国家经过木桶发酵、14%以上的霞多丽，如美国加利福尼亚州索诺玛、蒙特雷、华盛顿州、智利、南非或澳大利亚

••••••••••••••••••••••••

你能否分辨出……？
金黄色的色泽；低糖度/干型口感；中等酸度/明显的酸度；中等果味；明显的木桶气息；高酒精度

探索轻酒体的白葡萄酒

真正轻酒体的酒的酒精度应该低于12.5％甚至更少，这些酒常常都是白葡萄酒并且有着晶莹、细致的口感。当干型的轻酒体的葡萄酒以低成熟度的葡萄酿造，那些带着些许甜味的就是提前终止了发酵以保留部分糖分。当然，纯正的甜酒是一个例外：它们有着比酒精度所预示还强得多的酒体。

如果你喜欢轻酒体的白葡萄酒

轻酒体，轻柔风味	轻酒体，中度风味	轻酒体，浓郁风味
①	②	③
法国香槟	德国摩泽尔雷司令	意大利阿斯蒂麝香

关于这款酒
起泡酒往往来自寒冷的产区，比如香槟区就在法国的北部。它们有新鲜的起泡和酸度，同时还有微妙的味道，正如其标志性的不成熟的葡萄原料的特征，此外也常常是白葡萄品种和红葡萄品种的混酿。

关于这款酒
摩泽尔的雷司令是全世界贵腐酒中最轻盈的一种。大部分酒有较低的酒精度和酸甜平衡的口感。雷司令是一种用芳香品种生产的葡萄酒，在葡萄越成熟、甜美时其酒体也随之更强壮。

关于这款酒
麝香葡萄简直是葡萄酒世界的怪胎，在很低的成熟度时就可以有非常集中、芬芳如香水般浓郁的气息。阿斯蒂的风格也是其中唯一半发酵的酒，所以其葡萄比酒精度所预示的略为成熟。

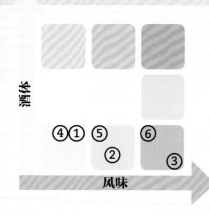

纯粹的喜悦

　　越轻的酒体表明其有着越高的新鲜酸度，这一系列包含了几乎所有的起泡酒和半起泡酒。那些口感最干的类型也有最轻柔的风味，因为酿造它们的葡萄整体成熟度都低。如果要有浓郁的香气和风味，这些轻酒体的酒要么使用芳香型品种，如麝香和雷司令，要么就做成半甜的风格，这样就可以用略高的成熟度来达到目的同时不是所有的糖分都被转化为酒精——有时这两个步骤也同时进行。

用相似的感官标准品尝以下酒款

轻酒体，轻柔风味	轻酒体，中度风味	轻酒体，中度风味
④	⑤	⑥
西班牙卡瓦	法国武弗雷	葡萄牙绿酒

关于这款酒
卡特罗尼亚起泡酒使用西班牙当地的葡萄品种但是以法国酿造香槟的传统方法酿制。这款酒虽然没有那么优雅但是也有其独有的丰润质感和更亲民的价格。

关于这款酒
来自卢瓦尔河谷武弗雷产区的白诗南与雷司令有许多相近之处。生长在寒冷的卢瓦尔河谷让酒虽然没有摩泽尔产区那么优雅，但是有着同样的酸甜平衡度和芬芳的香气。

关于这款酒
没有其他酒拥有的麝香葡萄酒才有的特殊香气，但它的追随者们常常也会享受这款来自葡萄牙北部粉红色的泡泡酒。后者在香气上更重同时也没有那么甜，是用红葡萄品种还绿着时候酿造的。

探索中度酒体的白葡萄酒

在有适宜种植环境的前提下，白葡萄酒也可以酿造出中度酒体酒，至少有3/4的白葡萄酒都属于这一类型，落在酒精度12.5%～14%这一范畴。这说明那些用正常成熟度酿造的白葡萄酒是主流的，这也是因为其鲜爽的特性和配餐的广泛性。

如果你喜欢中度酒体的白葡萄酒

中度酒体，轻柔风味	中度酒体，中度风味	中度酒体，浓郁风味
①	②	③
意大利北部灰皮诺	法国勃艮第干白	新西兰长相思

关于这款酒
在意大利，新鲜的白葡萄酒比丰满的白葡萄酒来得更贵，所以这一风格也属于要尽早采收的类型，从而得到中等的酒精度和中和的酸度，以及轻描淡写的风味。

关于这款酒
市面上许多流行的勃艮第都会有些许木桶的气息，它们比新世界的霞多丽更轻柔优雅、质地更精良。

关于这款酒
长相思在新世界广为种植，但在新西兰岛上的更引人注目。其凉爽的气候适宜生发出长相思集中的柑橘柠檬类气息和热带水果气息。

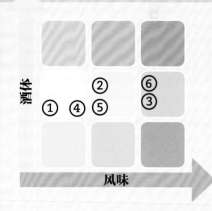

欢快的中度酒体

作为白葡萄酒中分布最集中的类别，这也是风格最丰富、葡萄品种本身角色最突出的类别。中度酒体葡萄酒常常都是干型的，有中等或较高的酸度。果味的集中度很大程度上取决于葡萄本身香气的程度，但是大部分酒的香气还是仰仗于酿造过程中的木桶陈酿。新木桶对于中度酒体的霞多丽是最为常见的，对于其他品种则斐然。

用相似的感官标准品尝以下酒款

中度酒体，轻柔风味	中度酒体，中度风味	中度酒体，浓郁风味
④	⑤	⑥
西班牙阿尔巴利诺	奥地利绿维特利纳	阿根廷特伦戴斯

关于这款酒

这款酒只能来自西班牙大西洋海岸边的加利西亚大区，为海鲜量身定做。在酒体上类似于灰皮诺，但酸度更锐利，香气更芬芳。

关于这款酒

这款奥地利葡萄酒得名于其"绿"的植物性气息和有活力的酸度。白色香料和芹菜的香气十分突出，可以从充沛的鲜爽果味到奢华的物质感。

关于这款酒

在阿根廷外很少见到这一品种，特伦戴斯可以酿造出闻上去像麝香一样味道集中、喝上去口感像长相思的干型酒。

探索重酒体的白葡萄酒

　　白葡萄酒比红葡萄酒的重酒体酒要少得多，酒精度在14%以上，因为如果要达到这一酒精度就要求其葡萄高度成熟，或者用蒸馏烈酒强化。霞多丽主导干型重酒体的干白葡萄酒类型，但重酒体的酒包括大部分甜酒和强化酒，后者酒精度可达20%以上。

如果你喜欢重酒体的白葡萄酒

重酒体，中度风味

① 澳大利亚过桶霞多丽

重酒体，浓郁风味

② 法国阿尔萨斯琼瑶浆

重酒体，浓郁风味

③ 西班牙雪莉

关于这款酒

来自新世界阳光灿烂的优质霞多丽常常使用木桶发酵和陈酿，也有一些中端酒使用橡木片，这对于像澳大利亚这样的新世界国家是非常常见的培育重酒体的手法。

关于这款酒

在阳光丰富的阿尔萨斯最芳香的酒就是有桃子和荔枝香气的琼瑶浆。在这里，这一品种可以油润、丰满，带有馥郁的花香同时有着少见的低酸。

关于这款酒

世界上最强壮的白葡萄酒就是来自西班牙安达卢西亚的强化酒雪莉。它们用白兰地终止发酵，用酵母和独特陈酿法氧化培育风味，有一些还会用葡萄干糖浆来加强其坚果风味。

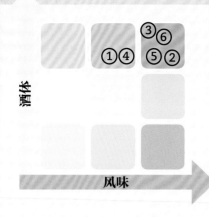

一记重拳

　　在这一分类里面的白葡萄酒酒体强劲、质地丰满，并可以跨越整个甜度的版图——从纯干的口感到葡萄干糖浆的甜。在最优质的酒中，酸度几乎并不突出，酒精度的增长和果味浓郁度自然地围绕香气分子数量的浓度。某些情况下酒的浓郁味道可以传承自葡萄本身，但更多的是来自于酒庄或者酒庄新木桶中的发酵或是迟摘的果实。

用相似的感官标准品尝以下酒款

重酒体，中度风味	重酒体，浓郁风味	重酒体，浓郁风味
南非过桶白诗南	加利福尼亚维奥聂耳	葡萄牙马德拉

关于这款酒

很少有酒可以既能拥有高酒精度、像霞多丽一样强壮木桶风味的同时还不损失酸度和平衡度。白诗南就可以做到，尤其是在南非温暖、干燥的海岸产区，其中一些还会有些许甜味。

关于这款酒

维奥聂耳是来自法国罗讷河谷的白葡萄品种，但现在更多在新世界国家尤其是加利福尼亚州被种植。像霞多丽和琼瑶浆的缓和体一样，拥有漂亮的丰润酒体并带有高级的花香。

关于这款酒

马德拉酒的热带风土孕育了这一独特的强化型白葡萄酒，它拥有类似于雪莉酒的风味，在陈酿之中还会增加集中度和焦糖风味，这一独特的酿造手法赋予酒卓越的坚果口味。

红葡萄酒的类型

探索暗黑的那一面

　　卓越而美味的红葡萄酒像白葡萄酒一样多，然而逻辑上酿造出红葡萄酒的红色就意味着每款酒之间在酒精度和香气的集中度都更为接近。比起酿造白葡萄酒，酿造红葡萄酒的时候酿酒师们更倾向于将不同的葡萄混合在一起，这让人决定喝哪一款酒的时候也就更为难了。幸运的是，总有一些特定的规律可以帮你预知杯中酒的风味——不管是纯净、清淡的黑皮诺还是墨水般深色的赤霞珠混酿，抑或喜爱凉爽的奇安蒂和热爱阳光的设拉子。

以红葡萄酒风格划分

　　毫无疑问红葡萄酒有更为复杂的独特个性，但比起白葡萄酒它们的酒体和风味浓郁度没有那么复杂的分类。少数的白葡萄酒可以像红葡萄酒拥有一样的重酒体和集中的风味，但是不存在像最轻盈、浅淡味道的白葡萄酒一样的红葡萄酒。因此，在讨论红葡萄酒时，我们会集中在酒体风味图的右上角——浓郁、集中、质地饱满的酒。

葡萄皮界定了红葡萄酒的范围

　　深色葡萄的紫皮赋予了红葡萄酒的色泽，同时还有香气以及让红葡萄酒有无限变化的可能性。然而，红葡萄酒不可能有类似于白葡萄酒的复杂分类，生发这种成分的生长环境和将皮中的物质转化到酒中的过程都直接抹杀了这种可能性。

　　风味的集中度：为红葡萄酒贡献了色泽的葡萄皮中的成分也同样提供了风味，因为这二者来源相同，是不可分的，因此红葡萄酒永远不可能有白葡萄酒那样浅淡的香气。

　　酒体：紫色葡萄比起绿色葡萄需要更多的阳光来成熟。因此只有低成熟度的葡萄才能酿造轻酒体的酒，如果是一个深色葡萄品种以浅色示人的话，就会呈现浅薄的颜色和果味，以及苦涩和生青的植物香气。因此，从商业角度上而言，红葡萄酒的酒精度不会低于12.5%。

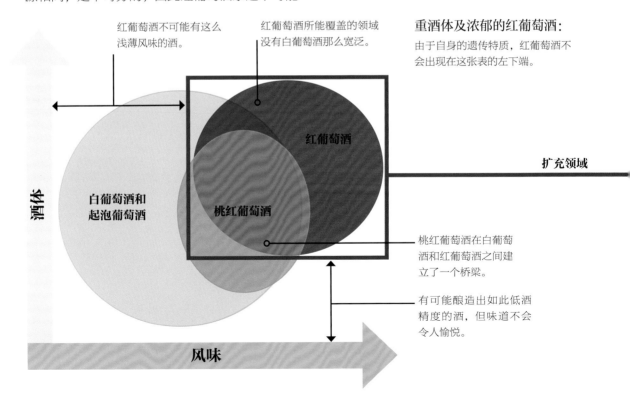

红葡萄酒不可能有这么浅薄风味的酒。

红葡萄酒所能覆盖的领域没有白葡萄酒那么宽泛。

重酒体及浓郁的红葡萄酒：
由于自身的遗传特质，红葡萄酒不会出现在这张表的左下端。

红葡萄酒

扩充领域

白葡萄酒和起泡葡萄酒

桃红葡萄酒

酒体

桃红葡萄酒在白葡萄酒和红葡萄酒之间建立了一个桥梁。

有可能酿造出如此低酒精度的酒，但味道不会令人愉悦。

风味

酒体和风味分布图

在下图中可以清晰地看到红葡萄酒如何被以其各自接近的风格进行分类。当然永远有例外，但是一般来说图形上方的酒体和香气肯定还是会比下方的强壮、浓郁。

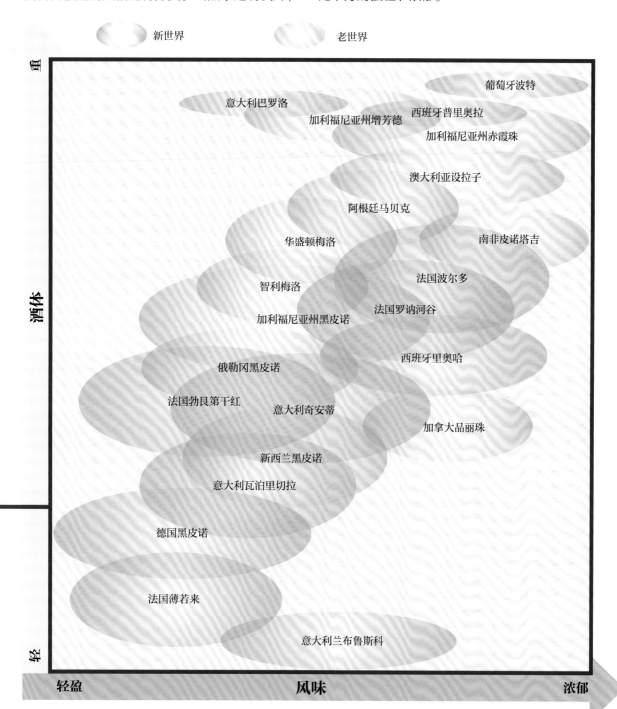

新世界　　　　　　老世界

重

酒体

轻

葡萄牙波特

意大利巴罗洛

加利福尼亚州增芳德

西班牙普里奥拉

加利福尼亚州赤霞珠

澳大利亚设拉子

阿根廷马贝克

华盛顿梅洛

南非皮诺塔吉

智利梅洛

法国波尔多

加利福尼亚州黑皮诺

法国罗讷河谷

西班牙里奥哈

俄勒冈黑皮诺

法国勃艮第干红

意大利奇安蒂

加拿大品丽珠

新西兰黑皮诺

意大利瓦泊里切拉

德国黑皮诺

法国薄若来

意大利兰布鲁斯科

轻盈　　　　　　　　　风味　　　　　　　　　浓郁

红葡萄酒风味的延伸

红葡萄酒比起白葡萄酒在酒体和风味上相互之间更为接近。然而，因为葡萄皮中香气成分的不同每款酒在香气上会有更为明显的区别，而且也只有红葡萄酒是带皮发酵的（参考第142～143页）。尽管每款酒大部分的差异是源自于不同的品种，但因为各自相似的成熟度还是需要将红葡萄酒作为一个整体来观察。

做有依据的猜想

红葡萄酒中的酒精度含量揭示了葡萄的成熟度和更多特征，尤其是比起白葡萄酒而言。如下图所示，低成熟度的葡萄酒闻起来有更多酸水果和生青的植物气息，但高成熟度的酒则有更多集中的水果甜点和香料的气息，同时这些气息在品尝中也更浓郁强烈，温度越高香气越明显。红葡萄酒的颜色也与其成熟度相关，就可以不仅仅通过酒精度来判断酒体了。

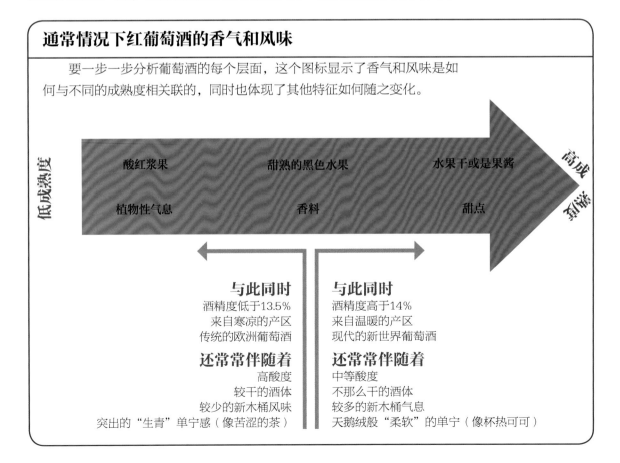

通常情况下红葡萄酒的香气和风味

要一步一步分析葡萄酒的每个层面，这个图标显示了香气和风味是如何与不同的成熟度相关联的，同时也体现了其他特征如何随之变化。

低成熟度 → 高成熟度

酸红浆果　　甜熟的黑色水果　　水果干或是果酱

植物性气息　　香料　　甜点

与此同时
酒精度低于13.5%
来自寒凉的产区
传统的欧洲葡萄酒

还常常伴随着
高酸度
较干的酒体
较少的新木桶风味
突出的"生青"单宁感（像苦涩的茶）

与此同时
酒精度高于14%
来自温暖的产区
现代的新世界葡萄酒

还常常伴随着
中等酸度
不那么干的酒体
较多的新木桶气息
天鹅绒般"柔软"的单宁（像杯热可可）

在一个大品类中

红葡萄酒最大的共通性是互相关联的葡萄品种，如三个最主要的波尔多品种。最近的基因研究显示梅洛和品丽珠之间有母子关系，而赤霞珠的父母又是品丽珠和长相思。用这些葡萄品种酿造的酒通常会在较冷产区和多雨的年份表现出植物气息，因此也很容易辨别出它是否来自温暖的产区或有着更好的成熟度。

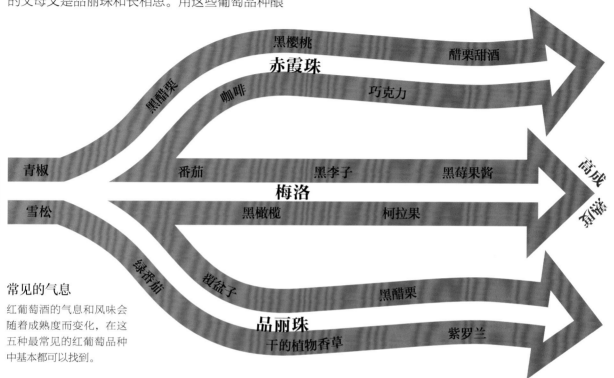

低成熟度

青椒

雪松

黑醋栗

黑樱桃

赤霞珠

咖啡 巧克力

醋栗甜酒

番茄 黑李子 黑莓果酱

梅洛

黑橄榄 柯拉果

绿番茄 覆盆子 黑醋栗

品丽珠

干的植物香草 紫罗兰

高成熟度

常见的气息

红葡萄酒的气息和风味会随着成熟度而变化，在这五种最常见的红葡萄品种中基本都可以找到。

不均衡的成熟

不是所有的葡萄都能同时成熟。即使在其最成熟的时候，如较冷产区的黑皮诺也不能像温暖产区的西拉一样达到所有果实同时一致的成熟度。

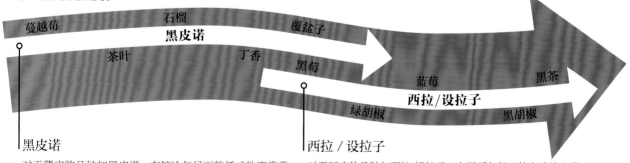

蔓越莓 石榴 覆盆子

黑皮诺

茶叶 丁香 黑莓

蓝莓 黑茶

西拉/设拉子

绿胡椒 黑胡椒

黑皮诺

对于薄皮的品种如黑皮诺，在较冷气候下的低成熟度常常显示出红色水果和植物性气息。

西拉/设拉子

对于厚皮的品种如西拉/设拉子，在温暖气候下的高成熟度常常显示出黑色水果和果酱的气息。

赤霞珠的类型

用赤霞珠酿造的葡萄酒很好地证明了为什么酿酒师需要做混酿。赤霞珠提供了深沉的色泽，比大多数酒都重的口感，因此常常用作于混酿，它可以增强酒体、香气、色泽、深度和陈酿潜力，让酿酒师更有创造力。

波尔多混酿

在波尔多地区混酿是非常传统的做法，原生的赤霞珠最受尊敬，它的表亲梅洛种植范围最大。赤霞珠在较冷地区难以成熟，虽然能够酿出深沉强壮的酒但单宁过于生涩。在有更好成熟潜力的地域，比如波尔多左岸，它就可以达到更为深沉浓郁的成熟度，同时果味更明显，没有那么生涩。几个世纪以来，种植者一直在努力适应这一环境——在较冷地区以较少的赤霞珠来强化轻盈的梅洛，在温暖的优质地块以较少的梅洛来柔化强壮的赤霞珠。

在混酿中赤霞珠的含量

大部分标注为赤霞珠的酒都不会是100%的赤霞珠，因为酒标只要求标出75%~85%以上的单一品种即可。只有在最温暖、阳光最充沛的地方，这一品种才能达到完美的平衡，无需调配。

传统的波尔多混酿中端酒	传统的波尔多混酿高端酒	新世界赤霞珠混酿	纯粹未经混酿的赤霞珠
小比例的赤霞珠为酒添加了色泽、酒体和香气，且不是主导性的。它在寒凉的产区主要起到支援轻酒体的作用，如以梅洛为基地的波尔多和许多托斯卡纳酒、西班牙酒。	赤霞珠是最优质的原料，但必须和其他柔和新鲜的品种共同协作才能平衡其严峻的酒体。世界上许多最为顶级的红葡萄酒都是这一模式，但不能被标作赤霞珠。	当这一品种达到完整的成熟度，酒质就会更为集中没有那么粗韧，比如在美国和南半球产区，混酿依然是常见的，但不会在酒标上提及。	赤霞珠必须达到一个相当高的成熟度才能具有平衡度，尤其是在一款高端酒里。其自然的集中度和高成熟度的完美结合使之成为世界上最集中复杂的酒。

品鉴：
定义赤霞珠的类型

在家做三款红葡萄酒的品鉴

将三款酒如下排列，注意每款酒的特点如何变化。
当赤霞珠的比例产生变化时，越是来自温暖的产
区，其酒体也越重，葡萄本身的成熟度也更高。

通过调配控制酒体

在较冷产区如原生地波尔多，少量的赤霞珠用于
加强中等酒体的酒。在阳光充沛的产区如智利和
加利福尼亚州，角色往往会倒换过来。

不到75%的赤霞珠	**不到75%的赤霞珠**	**超过75%的赤霞珠**

① 波尔多左岸

② 智利波尔多风格的混酿

③ 美国索诺玛赤霞珠

比如：
最经典的产区格拉芙、上梅多克、力萨克或慕利的酒庄酒
••••••••••••••••••••••

你能否分辨出……？
中等色泽；极低糖分、非常干的口感；高酸度/尖利；中等果味；中等橡木桶香气；中等酒精度/中度酒体；单宁在口中粗糙明显。

比如：
正标上没写品种但赤霞珠在背标被提及
••••••••••••••••••••••

你能否分辨出……？
较深的色泽；低糖、干的口感；中等酸度/明显的酸度；集中果味；中等橡木桶香气；高酒精度/重酒体；单宁如天鹅绒般柔软。

比如：
一款优质的索诺玛郡的酒，比如来自亚历山大谷和骑士谷，抑或其他加利福尼亚州酒如纳帕谷
••••••••••••••••••••••

你能否分辨出……？
深沉色泽；低糖、干的口感；中等酸度/明显的酸度；非常集中的果味；强烈的橡木桶香气；高酒精度/重酒体；单宁如天鹅绒般柔软。

探索轻酒体的红葡萄酒

因为很少有红葡萄酒是真正的轻酒体，我们以为的"轻酒体"风格就是那些酒精度在13.5%以下的酒，比轻酒体的白葡萄酒略重一些。除了那些特意迎合某些消费者的酒，绝大多数酿酒师们都会把酒酿造为干型的，这导致红葡萄酒的成熟度和酒精度之间的关系绝对遵循规律，这其中也包括些许甜葡萄酒的例外。

如果你喜欢这些轻酒体的红葡萄酒

轻酒体，轻柔风味	**轻酒体，中度风味**	**轻酒体，浓郁风味**

① 法国博若莱村庄酒

② 意大利奇安蒂

③ 美国俄勒冈黑皮诺

关于这款酒
博若莱区别于勃艮第之外就是因为它是用佳美葡萄酿制的。佳美有异乎寻常的低单宁，所以这类酒最好冰一会饮用。

关于这款酒
这类十分流行的意大利酒主要用桑娇维塞葡萄酿造，以其高酸度和单宁闻名。当日常饮用的奇安蒂不适宜陈酿的时候，那些最好的奇安蒂则有着强壮、集中适宜陈酿的酒体。

关于这款酒
黑皮诺葡萄酒比别的红葡萄酒酒体轻盈，颜色更浅淡，却是全世界酒迷都在追寻的酒。以其精致的香气和丝般顺滑的口感闻名，勃艮第的红葡萄品种在寒冷的产区如俄勒冈的海岸区也可以很好生长。

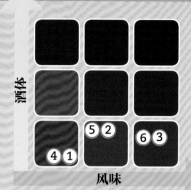

酒体

风味

在明亮的这一面

几乎所有轻酒体的酒都来自凉爽的产区，那里的葡萄成熟度低于平均值。它们基本上呈现较高的酸度和明亮的色泽，以红色浆果和植物性气息的回味为主。这些年轻的便宜的葡萄酒会在木桶中只待一小段时间甚至不进木桶以保存其新鲜果味。但是高端酒还是会进橡木桶陈酿，像重酒体的酒一样。当酒商想酿造一款轻盈的甜酒或是低酒精度的酒时，往往会酿成桃红而不是干红葡萄酒。

试试以下这些有类似感觉的葡萄酒

轻酒体，轻盈风味

④

法国塔维勒桃红葡萄酒

关于这款酒
你会发现这款酒像博若莱一样讨喜可口，购买桃红葡萄酒最好去法国南部。这些以歌海娜葡萄为基底的桃红葡萄酒有着较干的酒体，感觉更像一款干红葡萄酒而不是干白葡萄酒。

轻酒体，中度风味

⑤

葡萄牙杜罗河

关于这款酒
很少产区的红葡萄酒有足够的高酸度和高单宁来对抗意大利酒，但是葡萄牙北部是一个例外。杜罗河葡萄酒与波特酒来自一个产区并且用相同的品种混酿。

轻酒体，浓郁风味

⑥

西班牙里奥哈

关于这款酒
西班牙的棠普尼罗常常酿造更为浓厚、深沉的酒，但凉爽的里奥哈就像黑皮诺一样轻酒体、明亮的酒。这个产区使用木桶的传统方法酿造出有着最终木桶味道的轻酒体干红葡萄酒。

探索中度酒体的红葡萄酒

中度酒体的红葡萄酒是最主流的红葡萄酒，并且大都比同样酒体的干白更强壮一些，主要是13.5%～14.5%的酒精度。现代消费者青睐饱满、浓郁口感的选择引导酒商们也专注于这一范畴，在近几十年来成为新兴的主流。在一个世纪之前，红葡萄酒的平均强度是比今天普遍要低一些的。

如果你喜欢这些中度酒体的红葡萄酒

中度酒体，轻柔风味	中度酒体，中度风味	中度酒体，浓郁风味

智利梅洛	法国罗讷河谷大区酒	法国波尔多

关于这款酒

梅洛常常被遮蔽在其著名表亲赤霞珠的阴影之下。更柔和、更有果味，毫无例外可以成为世界上最好的葡萄酒。梅洛在智利灿烂的阳光下比在其原产地波尔多来得更为成熟、更有活力。

关于这款酒

歌海娜是主导这类地中海风味干红葡萄酒的品种，有标志性的草莓和白胡椒气息。这个产区最好的葡萄酒都以村庄来命名，比如教皇新堡。

关于这款酒

除了最强壮的几乎所有波尔多干红葡萄酒都会落在这一档里。它们很难分辨出是梅洛主导还是赤霞珠主导，但能够确定的是都有瘦长、干型的酒体，以及味道饱满、植物香草气息主导的气息。

酒体

风味

不同的世界

中度酒体的酒是最多样化的，因为有那么多品种那么多产区都可以归为此类。大多数都是干型葡萄酒，但是可以横扫整个品鉴体系，不论是香气、颜色还是橡木气息的深浅。一定要总结归纳的话，那就是新世界国家和老世界国家之间的区别，一般来说，口感最干、最严肃、有泥土气息和高酸度的酒基本来自欧洲，而更成熟、有甜点风味和更多橡木桶香气的酒多来自其他产区（请参看第十章）。

试试以下这些有类似感觉的葡萄酒

中度酒体，轻柔风味	中度酒体，中度风味	中度酒体，浓郁风味

意大利巴贝拉	意大利阿布鲁佐蒙特普恰诺	西班牙杜罗河

关于这款酒

来自皮埃蒙特的巴贝拉被认为是最轻盈、酸度最高、最适宜搭配鱼类的红葡萄酒。其中一些仍然以传统的方式酿造，但现代更多的是以更高的成熟度和更久的木桶陈酿的方式被培育，于是就出现了更丰满、更有黑莓气息的葡萄酒。

关于这款酒

罗讷河谷大区酒的酒迷会发现这款来自意大利亚得里亚海边的酒有很多地方和罗讷河谷的酒相似。它们亲民的价格竟然可以有那么丰富的风味和质感，还有些许野味但毫不沉重。

关于这款酒

棠普尼罗是西班牙最珍贵的品种。它可以在沿着杜罗河岸卡斯蒂利亚大区干旱的平原上完美生长，酿出西班牙最有陈酿潜力的酒来，并且也是在法国新木桶中陈酿。

探索重酒体的红葡萄酒

作为重酒体的终结者红葡萄酒一定会比白葡萄酒的酒精度更高：14.5%或更高。对着这样的酒，葡萄必须达到非比寻常的成熟度，必须既生长在温暖的葡萄园里又在葡萄藤上待足够长的时间，但这一类酒也同样包括强化红葡萄酒，其酒精度来自白兰地的强化，比如甜波特酒。

如果你喜欢这些重酒体的红葡萄酒

重酒体，浓郁风味

① 优质澳洲巴罗萨设拉子

关于这款酒
厚皮的设拉子即西拉，可以在南澳巴罗萨或麦克拉伦谷酿出卓越集中度的酒，这些颜色如墨水般浓郁的酒还有相当馥郁的气息如火腿、培根和黑胡椒。

重酒体，浓郁风味

② 优质美国纳帕谷赤霞珠

关于这款酒
赤霞珠可以酿造出世界上最集中、最长寿的红葡萄酒。其中最重的就来自阳光充沛的新世界国家如加利福尼亚州产区，有类似于摩卡咖啡和醋栗利口酒的味道。

非常重的酒体，非常浓郁的风味

③ 葡萄牙波特酒

关于这款酒
世界上酒体最重的红葡萄酒就是来自葡萄牙杜罗河谷的强化型红葡萄酒。用蒸馏烈酒终止发酵，品尝起来像是红葡萄酒、新鲜甜葡萄酒和果渣白兰地的混合味道。

酒体

风味

值得陈酿的成熟老酒

　　重酒体的干红天然就有这集中的味道，其中许多都是顶级好酒，因为高酒精度的红葡萄酒也倾向于有高单宁和浓郁的物质感，这些酒也需要在木桶中陈酿一些时间，有时会是收获时间的几年之后。这一系列的味道围绕在黑色水果和果酱气息，反映出高度成熟的葡萄果实。许多酒还有香料气息如胡椒、可可或丁香，以及来自葡萄本身和木桶陈酿馥郁的气息。

试试以下这些有类似感觉的葡萄酒

重酒体，浓郁风味

优质阿根廷马贝克

重酒体，浓郁风味

优质西班牙普里奥拉

非常重的酒体，非常浓郁的风味

澳大利亚茶色酒

关于这款酒
阿根廷位于安第斯山脉下干旱的蒙多萨高原，培育出高水准、酒体集中的马贝克酒。让这一法国原生品种一击而发，有标志性的蓝莓、紫罗兰和香料的浓郁香气。

关于这款酒
加泰罗尼亚产区让宝贵的古老品种歌海娜和佳丽酿得以焕发出勃勃生机。这种酒有无以伦比的集中度和力量感，常常与西拉和赤霞珠混酿，有标志性的无花果和肉桂风味。

关于这款酒
澳大利亚作为英国的前殖民地，被强化波特酒和雪莉酒遗弃，形成自己的传统酿造美味的"黏浆"——强壮甜美的甜酒。而茶色甜酒是其中一种用来陈酿的酒，有黄褐色的色泽和坚果、焦糖的香气。

葡萄酒与
美食的搭配

侍酒师的秘密

　　葡萄酒是美食绝好的伴侣，就像是盘中菜独特的酱汁一样，而且很多食物确实和葡萄酒搭配后更加美味。对于日常餐饮，葡萄酒的搭配不必太讲究。但如果真的是一场酒配餐的盛宴，就应该考虑请一位侍酒师根据酒单帮你搭配食材以突出酒的位置。专业人士知道每道菜是如何被烹饪、用了什么调味，这比仅仅知道主要食材是什么要重要得多。发掘感官的新惊喜，会刷新你对葡萄酒和食物搭配的认知。

什么时候喝什么酒

除了大餐和晚宴盛会的时候，似乎没必要担心每款酒如何搭配每道菜的事情。只要选对了每天喝酒的时机和每年喝酒的场合就说得过去了。四季变换决定我们要按时节享用时令菜，而且大多数餐都会囊括各种食材，不管是午餐还是晚餐。

暖和的天气喝白葡萄酒

在炎热的夏季喝个冰凉鲜爽的白葡萄酒和我们要穿短袖吃沙拉是一个道理：让人凉快下来。

看天喝酒

天气对葡萄酒产生的影响同样也神奇地作用在我们对酒的渴望之情上。我们会不由自主地在太阳升起或是天气炎热的时候找轻盈、年轻（通常还是冰好）的酒来喝。当太阳下山或是温度骤降的时候，强壮、复杂的酒能让我们感到温暖、舒适。饮用陈酿、酒体饱满的酒——尤其是在室温下的红酒——相当于披上一件羊毛衫的效果。最重要的是，一个浓郁来自温暖产区的酒也有能量驱逐冬日的寒冷，而一杯轻盈、脆爽来自寒凉产区的酒也能帮我们打败酷暑。

当太阳升起或是天气温暖的时候
我们会倾向于选择这样的酒：

轻酒体

低酒精度

年轻有新鲜的口感

较少橡木的影响

侍酒时需冰镇

颜色浅淡

简单年轻的起泡酒
如意大利普罗塞克

脆爽的未过桶的白葡萄酒
如新西兰长相思

轻盈鲜爽适宜冰镇的红葡萄酒
如法国博若莱

活泼轻快的强化酒
如西班牙曼柴尼拉酒

当太阳下山或是天气寒冷的时候
我们会倾向于选择这样的酒：

重酒体

高酒精度

成熟复杂

有较多橡木影响

侍酒时可常温

颜色较深

复杂陈酿的起泡酒
如法国香槟

饱满的用木桶发酵的白葡萄酒
如加利福尼亚州霞多丽

强壮、丰盈适宜常温饮用的酒
如澳大利亚西拉

富足、有如宝石般华丽口感的强化酒
如葡萄牙年份波特

在各个层面做搭配

大部分酒在搭配美食的时候都很好，所以很难出大方向的错误：对季节、每天的时机、适当的礼仪的了解可以提高餐酒搭配的和谐度。但是，在特殊的场合，如果向专业人士求助一些搭配策略可以为整个搭配增色许多。

以每道菜的主要食材来考虑类似的口感和味道的酒是一个搭配方向。如果再考虑到调味和烹饪方式会让侍酒师创造出1+1>2的搭配——酒和菜在一起比各自分开更有化学反应。你并不需要有多么精专的葡萄酒知识就可以达到这个段位，你需要了解的只是一些基本的要素。

做个搭配游戏

好

日常场合
根据季节和每日时机进行搭配

更佳

家宴或外出吃饭
根据主要食材搭配

最完美

侍酒师般的精雕细刻
做一个特别的酒单，
做有化学反应的搭配

主要食材的配酒

当要为一顿特定的饭配酒的时候，大多数人都有天生的搭配直觉。成功的配酒是建立在一些味道搭配的基本原则上的，比如夏日沙拉要配柠檬水，巧克力甜点要配意式浓缩咖啡。给食物搭配葡萄酒也是遵循一样的规律——轻的配轻的，重的配重的——是最有效的找到适宜搭配的方法。

与质地和酒体相搭配

最清淡的食材比如精致的贝类，常常与最轻酒体的酒搭配为妙，比如起泡酒，最重口味的食材比如红肉，常常与强烈、厚重的酒搭配比如酒体集中的干红葡萄酒。酒体和食材都圆润的搭配在嘴中的口感也更和谐；肥美的肉类与高酒精度的酒都比低脂的食物和低酒精度的酒来得浓烈、厚重。

海鲜还是牛排

酒商们往往也要为当地食材量身做葡萄酒。一盘美味的海鲜是不可能和一个来自畜牧业大区的重口味红葡萄酒相搭配的，而应该是一款来自海岸线的轻酒体白葡萄酒。

为什么搭配令人愉悦？

当我们搭配晚餐喝酒的时候，食物与酒吸引到的注意力是一样多的。记得坚持用酒体和风味来做搭配的原则，就像摔跤比赛也是重量级为单位。当一方比另一方强的时候，就会转移掉弱的一方的注意力，整个晚餐就会沉浸在失衡的痛苦中。最理想的搭配就是谁也不压过谁，让味道有着水乳交融的和谐感。

以风味浓郁度搭配

了解事物本身的口味轻重，比如生蚝或者鸡蛋卷，就应该搭配中和的白葡萄酒，比如慕斯卡黛或是灰皮诺。重口味的食材，比如熏三文鱼或蓝纹奶酪，就应该配香气上能匹配的酒，比如琼瑶浆或赤霞珠。

以颜色深浅搭配

颜色较浅的食材也有可能味道比较清淡，而深色食材味道也相对浓郁些（当然这里面也有例外），想象一下这之间的区别——比目鱼和吞拿鱼，鸡肉和鸭肉，小牛肉和鹿肉。越是浅色的食材比如羊奶酪和扇贝，越应该搭配白葡萄酒或起泡酒；越是深色的食材如羊肉或巧克力，越应该搭配红葡萄酒。

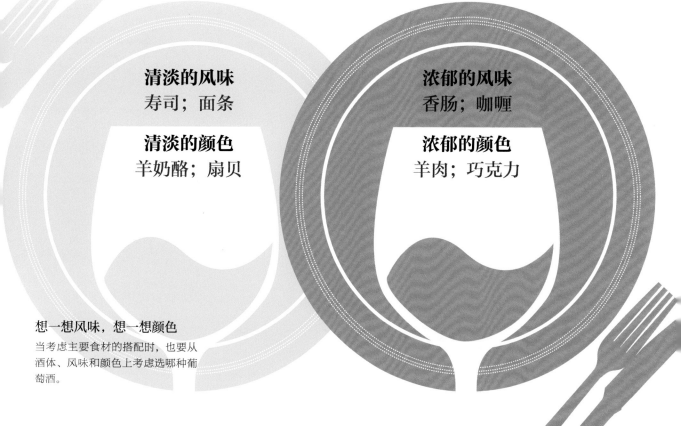

清淡的风味
寿司；面条

清淡的颜色
羊奶酪；扇贝

浓郁的风味
香肠；咖喱

浓郁的颜色
羊肉；巧克力

想一想风味，想一想颜色
当考虑主要食材的搭配时，也要从酒体、风味和颜色上考虑选哪种葡萄酒。

约定俗成的搭配技巧

比起葡萄酒，我们吃的食物就更复杂了：更多食材更多菜谱引出无数搭配的可能性，如果我们想给某顿饭单独配酒的话，像对葡萄酒分类一样了解事物之间味道与口感的轻重会有所帮助。

食物之间的关系

梳理一下食物与食物之间的关系会帮助我们更好地选出搭配酒，在主菜和配菜、料汁和装饰这么复杂的关系中间，确实很难判断到底以哪个为准。在餐厅，每个人点的菜还都不一样，所以为了配酒最好点相似的主要食材或是烹饪风格。

清淡还是厚重？

当我们看餐厅的菜单或是烹饪书籍的菜谱时，直觉上要考量一下菜的轻重口味。我们可能会想吃个清淡的沙拉，或是夯实的牛排。除去装盘的分量，脂肪含量是食物轻重的主要衡量指标。入口饱满的脂肪或是油脂和重酒体的酒精给我们的轻重感是一样的。

温和还是重口？

风味浓度可能是我们较少考虑的，但每个人口味的咸淡都有不同的标准，有的食物对某些人来说就可能更有滋味。当然，番茄肯定比黄瓜味道重，鸡肉肯定比羊肉味道淡。

通过酒体和风味来分析事物可以帮我们定位如何选相似品类的酒

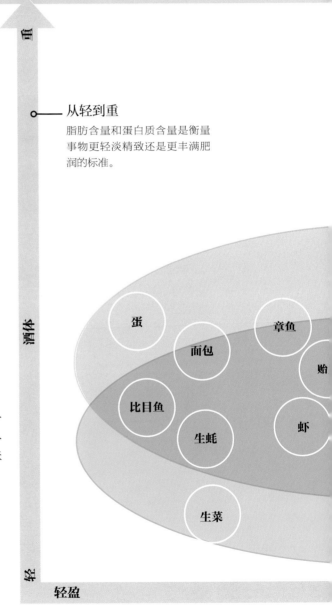

从轻到重

脂肪含量和蛋白质含量是衡量事物更轻淡精致还是更丰满肥润的标准。

蛋　章鱼　面包　贻　比目鱼　生蚝　虾　生菜

菜谱中的事实

　　烹饪方式和调味可以激发味道、增强质感，让下图的任何一个食材都更靠右发展（下图中的食材仅做举例，不代表是完整的列表）。鸡肉在炸过之后味道更浓，烧烤更甚，都比蒸煮的质感来得重。那些调味品、酱汁和泰式料理中的腌渍之物会增加甜辣的味道，不管料理的是虾肉还是牛肉。

白葡萄酒
霞多丽或灰皮诺

起泡葡萄酒
香槟或普罗塞克

桃红葡萄酒
安茹或塔维尔

红葡萄酒
设拉子或奇安蒂

强化酒
波特或雪莉

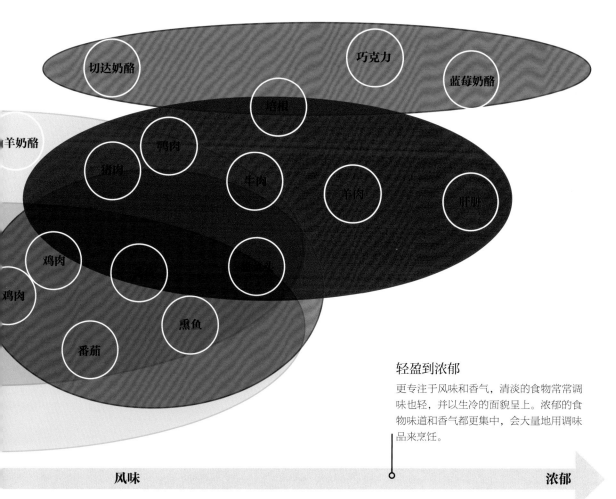

轻盈到浓郁
更专注于风味和香气，清淡的食物常常调味也轻，并以生冷的面貌呈上。浓郁的食物味道和香气都更集中，会大量地用调味品来烹饪。

风味　　　　　　　　　　　　　　　　　　　　　**浓郁**

特定的菜配特定的酒

在熟练掌握根据主要食材配酒的原理之后，就可以带你进阶下一个搭配的层次了。专业的侍酒师常常依赖"相似与相同"的策略进行搭配建议，但他们往往能得到更好效果是因为已经进阶到下一步。

以风味做决定

饮用者通常根据主要的食材来选择配酒，比如选一款灰皮诺配扇贝或赤霞珠配牛肉。侍酒师会更全面地考量盘中整体风味。如果这个菜谱是香浓的、清新香草的、烟熏的或是甜的，他们会选择有类似风味的酒，忽略主要的食材本身，即超越盘子中心的内容而是看整个料理方式会让这道菜呈现什么模样、味道如何、有什么香气以及入口的终极感受。

专业的搭配

当侍酒师进行酒配餐的搭配时，他们会根据经验衡量每道菜的感官，包括它是怎么做出来的、用的什么酱汁以及如何调味的。

日常的餐酒搭配以食材作为判断标准

扇贝是精致的清淡口味
用精致的葡萄酒如意大利灰皮诺搭配

牛肉是深色的红肉类
用重酒体的红葡萄酒如加利福尼亚州赤霞珠搭配

侍酒师风格的搭配建议

酸橘汁扇贝味道香浓，有柑橘和香草的气息
搭配同样香浓有柑橘和植物性气息的白葡萄酒比如新西兰的长相思

松露扇贝片味道饱满、有泥土气息和焦糖味道
搭配饱满、有烘烤和泥土气息的白葡萄酒如法国默尔索（霞多丽）

生牛肉片是生冷几乎不用调味的
搭配年轻新鲜精致的干白葡萄酒如西班牙阿巴利诺

法式胡椒牛排口味浓郁集中充满胡椒味道
搭配深沉紫红色、有黑胡椒气息的红葡萄酒如澳大利亚设拉子

用过桶的酒搭配焦黄色的食物

葡萄酒中新木桶特有的香气和被烹饪为焦黄色的食物香气惊人地相像。比起白煮或蒸煮，烘焙、油炸、明火烧烤一块鸡胸肉都会在色泽和味道上来得更深。在新木桶中发酵或陈酿的酒也都有类似的香气，因为在制作木桶过程中就有"烘烤"这一步骤，在焦黄色食物和过桶葡萄酒之间共同的香气使之有着天然的搭配度。

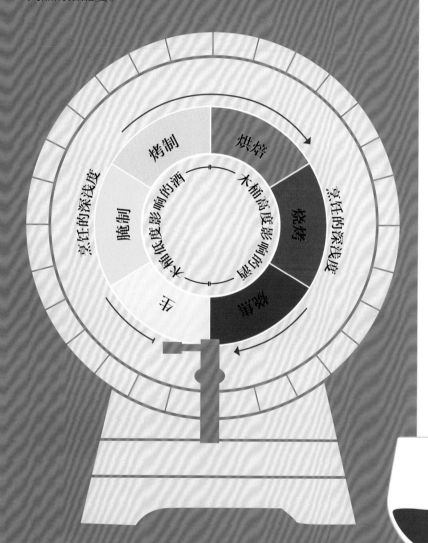

色泽的搭配

一般而言，生的食物或是未经焦糖化烹饪的食物最好搭配年轻、未经木桶、新鲜的酒。被深度烹饪的食物比如烘焙、腌制、烧烤类的食物最好和过桶的酒搭配。

轻一点，再轻一点

在餐厅，葡萄酒不是最重要的角色。葡萄酒生来就是为了搭配食物。就像是演唱者背后的和声，葡萄酒不应该喧宾夺主。

略为轻盈质地的酒更容易突出食物本身，它们不仅仅可以用来搭配清淡口味的菜式，即使在搭配重口味的菜时也可以起到清口的作用。浓烈的酒单独品鉴的时候可能留下很深刻的印象，但它们很容易盖过食物本身的风头，除非菜也有足够的重口味与之平衡。

轻酒体、平和的酒

如果你在找一款百搭的酒，轻酒体、平和的酒是最保险的选择，对于侍酒师而言最佳的解决方案就是"有疑问找香槟。"

食物与酒的化学反应

侍酒师们知道食物的调味可以让配酒走向不可预知的芳香。尤其是盐和糖能很大程度地影响我们对酒中酸度和甜度的判断。

盐：干型葡萄酒的朋友

盐是我们日常生活中吃得最频繁的东西，而且我们常常在烹饪过程中加很多，因为它可以调出其他风味。盐可以帮我们掩盖酒中的酸感，而葡萄酒也可以略微平衡食物中盐的味道。

葡萄酒需要在静饮的时候略带酸感，好在配餐的时候才能平衡。事实上，葡萄酒之所以那么酸也是酿酒师知道你要用酒搭配咸的食物。酸度较高的酒也是被用来设计配餐的——比如意大利奇安蒂或法国桑榭尔——通常称为配餐酒。

糖：干型葡萄酒的敌人

这是一条世界通用的准则，糖没有盐对葡萄酒那么友好。甜的食物会让酒比单独净饮喝上去格外酸。因为葡萄酒天然就带有酸度，所以配下来的结果通常并不愉悦。就像喝完橙汁牙酸的感觉一样。

一款酒至少要和食物一样甜才能避免这个问题。带有甜味的食物和果味充沛的现代酒搭配比那些干型的酒好得多。在以水果做酱汁的菜式里，微微有些甜感的雷司令可以与之平衡。而真正的甜品必须要用黏稠的甜酒才能与之抗衡。

食物中的咸味可以
降低酒中的酸感

食物中的甜味可以
升高酒中的酸感

酸度低下来

酸度高上去

品鉴：

认识葡萄酒与盐和糖的搭配

在家中比较两款酒

为以下两款风格的葡萄酒各备一个酒杯。

1. 倒好酒，感受每款酒甜度和酸度的第一印象。

2. 舔一小口盐，再尝一口长相思，注意酸度明显地有降低的感觉，让酒变得柔和，更有果味。

3. 重复第二步，把酒换成雷司令，同样酸度会有明显地降低，甚至还让酒更具甜感。

4. 5分钟后让你的味蕾重新恢复，重复第一步。

5. 舔一口蜂蜜，尝一口长相思，注意酸度如何凸显，让酒的酸度貌似加了一格。

6. 重复第五步，把酒换成雷司令，酸度同样会凸显，但是甜度并没有盐作用后的明显变化，蜂蜜的甜味已经盖过了酒的甜味，让酒的口感显得更干。

法国长相思

美国雷司令

比如：

波尔多干白，桑榭尔，
普仪–芙美，都兰

• • • • • • • • • • • • • • •

净饮时注意⋯⋯

低糖的酒/非常干；高酸的酒/
非常尖利

• • • • • • • • • • • • • • •

试完盐注意⋯⋯

没有那么干，酸度戏剧化地变
低了

• • • • • • • • • • • • • • •

试完蜂蜜注意⋯⋯

没有那么甜，酸度
戏剧化地变低了

比如：

华盛顿州哥伦比亚谷
没有在酒标上标明"干型"
的酒

• • • • • • • • • • • • • • •

净饮时注意⋯⋯

中等甜度/略有甜感；中等酸度/
比较中和

• • • • • • • • • • • • • • •

试完盐注意⋯⋯

酒变甜了，酸度戏剧化地变低了

• • • • • • • • • • • • • • •

试完蜂蜜注意⋯⋯

酒变干了，没有那
么甜，酸度戏剧化
地变低了

除了盐和糖之外的调味

大部分感官在一起的时候并不会同时加强，它们互相之间有个平衡和调整的步骤。视觉和听觉在分开之后会变得敏感，但任何复杂的环境都会降低这种敏感度——这就是为什么在一个安静的房间可以听到悄悄话，但在嘈杂的餐厅却得喊话才能听见。同样的道理作用于味觉、嗅觉和质感的感知度，但我们很少会注意到这种变化。

在感官的世界，
$$1+1 \neq 2$$

在看电视的时候不开灯效果更好，因为两个光源会互相削弱对方的视感。同样的道理也适用于葡萄酒和食物处于一个频道上时。

感官之间的协调

当葡萄酒和食物处于一个频道时，你会感觉二者的结合没有分别独立给人的感觉那么强烈，结果就会愉悦而和谐，让我们用"相似与相同"的策略在味觉、嗅觉和质感的感知度共同感受。

在搭配时我们可以不仅轻配轻、重配重，还可以酸配酸、甜配甜、橡木配烟熏来得到绝佳的效果，这种效果通常在味蕾上的作用是立竿见影的。

酸味的食物——番茄或酸黄瓜——配酸度高的葡萄酒——如奇安蒂或长相思，在一起会没有那么酸的感觉。

甜味的食物——比如水果塔或是焦糖布丁——配甜葡萄酒——比如雷司令或索泰尔讷，在一起会没有那么甜腻的感觉。

还有一些是嗅觉和触觉的共通性，不过没有那么明显

烟熏的食物——烟熏三文鱼或烧烤肉类——配过木桶的葡萄酒——霞多丽或里奥哈，在一起烟熏的木桶味道没有那么明显的感觉。

重口味的食物——松露烩饭或巧克力慕斯——配高酒精度、饱满酒体的葡萄酒——如巴罗洛或波特，在一起会没有那么重，有较轻盈的感觉。

一顿正餐并不是极限运动

侍酒师常常建议根据菜式主要的特征来配酒。其目的是让这些强烈的特征在味觉上相互平衡——即不是过分强调对方而是愉悦地水乳交融。酒配餐并不是让感官推送到极致的美国大片或是摇滚音乐会。食物与美酒之间的和谐度才是酒配餐达到完美状态的精髓。

除了辛辣感

"相同与相似"是搭配的准则但不适用于辛辣的食物与辛辣的酒。可能二者用了同一个形容词，而描述的其实是两种感觉。食物的辛辣味是一种物理的灼烧感，比如辣椒。而葡萄酒的辛辣感更表现为像香料或是调味料般集中的风味和气息，比如西拉的胡椒气息。因为葡萄的味道主要来自葡萄皮，集中度来自成熟度，有辛香气息的酒几乎都是饱满酒体的红葡萄酒。

侍酒师会避免用重酒体的酒搭配辣味的菜，而是用轻酒体的甜白葡萄酒或是低酒精度的桃红葡萄酒，如一款意大利的麝香或德国雷司令。

食物中的辣味同酒中的高酒精度会

互相加强对方的这些特质，而不是平衡和中和。酒精度会让辣味在口中更为烧灼，简直是往伤口上撒盐。哪怕是吃完辣味的食物再喝重酒体或高酒精度的酒也是如此，感觉不会愉悦。

降低辣味！
高酒精度和重酒体的酒搭配辣的菜会让人痛不欲生，所以要尽量避免用它们搭配辣味的菜。

火上浇油
低酒精度的酒可以驯服冒火的辣味、平顺口感，而重酒体的酒则会火上浇油。

食物中的火辣

酒中的高酒精度会火上浇油

品鉴：

认识味觉感官的变化

在家用四种酒和四种食物做比较

在家尝试这个简单的测试就可以让你的感官非常清晰地对不同来源的味道有个判断。

1. 先倒好四款酒，单独品鉴感受一下其甜度和酸度，果味和橡木气息，以及酒体和单宁。

2. 吃一口新鲜的番茄，然后喝一口1号酒，注意酸的食物如何让酒的酸度也降低了。

3. 再试一口2号酒，然后吃一粒烘杏仁，注意吃了烘烤或是烟熏的食物如何将酒中的橡木味道变淡甚至抵消掉。

4. 在吃黄油之前之后都喝一口3号酒，注意这种丰满油润的食物如何让酒的质地变轻盈。

5. 在吃巧克力之前之后都喝一口4号酒，注意甜味的食品如何让甜酒中的甜度变低甚至抵消掉。

6. 等5分钟之后让你的味蕾恢复一下。

7. 重新做一遍所有的搭配，你应该还能注意到两点：

a）在味觉的感官上，比如甜味和酸味的变化比嗅觉和触觉来得更为明显。

b）越是与酒完美和谐搭配的食物越在各个方面都很相近，不管是味觉、嗅觉还是质感。

1

年轻的意大利桑娇维塞

2

西班牙陈酿棠普尼罗

比如：
经典奇安蒂或其他年轻、价格适中的托斯卡纳桑娇维塞，最好在3年以内。

比如：
陈酿里奥哈或其他陈酿级别的西班牙棠普尼罗酒，如杜罗河和托罗产区。

净饮时你会感受到……
低甜度/非常干；高酸度/尖利；中等果味；低橡木气息；中度酒体；中度单宁。

净饮时你会感受到……
低甜度/非常干；高酸度/尖利；中等果味；高橡木气息；中度酒体；中度单宁。

让它没有那么酸
酸的食物如酸番茄、柑橘类或醋都可以让酒神奇地没有那么酸。

让它没有那么多烘烤味
烘烤杏仁或其他有烘烤香气的食物都让酒没有那么明显的橡木香气。

章节回顾

以下是这一章节你应该学习的重点。

✓ 不用担心非得用**特定**的酒配**特定**的食物。根据一天的时机或是每年的时节就好。

✓ **轻盈、年轻**（通常是冰过的）的酒是炎热天气的理想搭配，而**浓烈、复杂**的酒是寒冷季节的完美选择。

✓ 最令人愉悦的搭配就是你的酒和你的食物有**相似的感觉**，清淡口味配轻酒体，重口味配重酒体。

✓ 根据风味的浓郁程度和颜色的深浅来进行葡萄酒与美食的搭配，你会常常得到预期的效果。

✓ **调味和酱汁**比盘中的主要食材对整道菜的味道影响更大，这也是侍酒师如何工作的要点，根据**整体**的感觉——甚至要知道每道菜的烹饪方式——寻找最佳搭配的酒。

✓ 一般来说，生冷或未经焦黄色烹饪的食物的最佳搭配是**年轻、新鲜、未经木桶**的酒。焦黄色的食物——比如烘焙、烧烤、腌制的食物，更倾向于搭配**橡木味重**的酒。

✓ 当有疑惑的时候就配**香槟**。

✓ 菜中的**盐和糖**会让搭配的酒的酸度和甜度有所调整。盐分会降低酒的酸度，糖分会增加酒的酸度。

✓ "**相同和相似**"是搭配常用的策略，但是辣味的食物不能与辛辣的酒搭配。这些酒体宏大、味道浓郁的酒会给菜的辣味**火上浇油**，而一款低酒精度的白葡萄酒则能**平顺**这种辣感。

3
优质的新世界
赤霞珠

比如：
智利或美洲、南半球的优质赤霞珠。

净饮时你会感受到……
低甜度/非常干；中等酸度；浓郁果味；高橡木气息；重酒体；重单宁。

让它没有那么重
肥润的食材如肉类可以让酒体感觉轻盈些。

4
强化型红葡萄酒

比如：
葡萄牙波特或者其他酒精度15%以上的强化红葡萄酒，如澳大利亚茶色酒和法国邦努尔。

净饮时你会感受到……
非常高的甜度；中等酸度；非常浓郁的果味；根据不同风格有不同程度的橡木香气；非常重的酒体；中等单宁。

让它没有那么甜
甜的食物如糖果、甜点或水果都会让酒喝上去没有那么甜甚至还有点儿酸。

了解千变万化的葡萄酒酿造

即使知道了一些购买指南，葡萄酒对于消费者仍然是一种无比复杂的产品。葡萄酒标只强调了品种、产区、品牌和酒龄，但没有一项说明告诉我们这些酒的味道是怎样，貌似这些词依然是某种密码。葡萄酒初学者往往希望对每款酒尽量多地了解——混酿的比例或是在木桶中陈酿的时间——但事实上这些信息帮助甚少。想象你第一次看某场体育比赛：通过知晓选手的名字、站位甚至排名来了解赛场上发生了什么没有任何帮助，首先你得知道比赛规则。

葡萄酒专家们心里有个影响葡萄酒风味的小名单，比如葡萄园的气候和酿酒的技术过程。这让他们能够进行有意义的观察。对于葡萄酒初学者，熟悉具体工作是怎么操作的比纠结酒标或品牌上的信息有意义得多。当然总有例外，但永远能发现口味上新的惊喜才是葡萄酒真正有趣的地方。

这些有用的知
识可以帮你了
解葡萄酒世界
是如何运作的

酿酒方式

甜度，颜色和木桶

　　葡萄园的气候能控制葡萄的成熟度，从而葡萄品种才能发展各自优越的特性，但这仅仅还只是原材料。人类在葡萄园的行为对酒的风味才起决定性作用。就像一个主厨对新鲜食材的处理，酿酒师决定如何酿酒——是酿成甜型酒还是干型酒，红葡萄酒还是白葡萄酒，新鲜饮用还是放在木桶陈酿。通过操控葡萄酒酿造过程，他或者她可以将葡萄转化成带泡泡的起泡酒抑或有高酒精度的强化酒。

葡萄发酵成葡萄酒

葡萄酒是一种通过发酵，活性的酵母菌将糖转换为酒精的过程。在新鲜的食物中，这一自然的过程是走向腐烂的第一步。然而，几千年来，人们已经可以熟稔地掌握发酵的过程——且不仅仅是酿造葡萄酒或啤酒。发酵还可以将面粉变成面包，牛奶变成奶酪，可可豆变成巧克力。酵母就是一种神奇的小仙粉，可以将新鲜的葡萄串儿变成复杂、美味的葡萄酒。

糖分化解

在我们的自然环境中有许多不同的酵母，其中有一些特定的吃糖的酿酒酵母属专用于烘焙、发酵和酿造葡萄酒。这些酵母消耗糖分并将其分解为酒精和二氧化碳（CO_2）。发酵常常会自然发生，这要感谢那些在葡萄园和酒庄里的野生酵母。不过在现今，许多当代的酒商们选择使用培育的酵母来得到更精准的酿造效果。

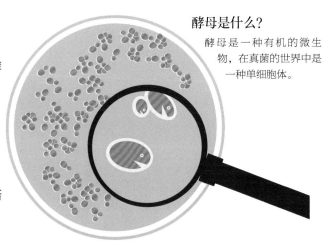

酵母是什么？

酵母是一种有机的微生物，在真菌的世界中是一种单细胞体。

酒精发酵方程式

酒类饮料源自于发酵的过程，即酵母消化和转化糖分，使其变为酒精的过程。同时这一过程也会产生二氧化碳气泡、热能、香气和风味。

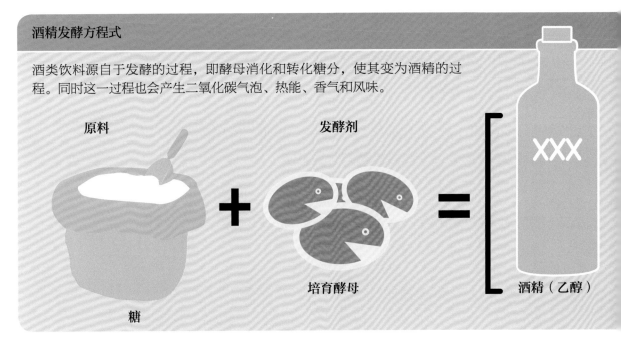

原料   发酵剂

糖

培育酵母

XXX

酒精（乙醇）

从葡萄中来的风味

　　葡萄酒闻上去和喝上去都远比葡萄本身复杂。在发酵过程中，无数的微观化学反应发生，增加了水果本身并没有或者检测不出来的新的风味和香气。

　　发酵是让酒变得如此芬芳、复杂、愉悦的原因，就像其制作出奶酪的过程一样。法国布里奶酪、威斯康星切达奶酪、意大利刚贡佐拉奶酪的独特味道都是来自于发酵，而不是它们的原料（生牛奶）。酵母也是如此作用于新鲜的葡萄，产生风味与香气的。

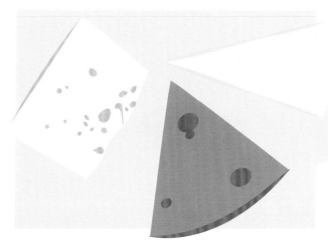

重要的培育
像奶酪制造商一样，酒厂也会小心地选择他们使用的酵母，好控制成酒中的味道和香气。

那葡萄酒中的巧克力和胡椒风味呢？
许多异域食材常常被用来形容葡萄酒中非葡萄的香气，比如其他水果、食物或香料。这些东西并不是原料，它们只是用来形容葡萄酒中的香气。

发酵的产生物

二氧化碳气泡　　　　　　　　新的香气和风味　　　　　　　　热能

控制甜度

葡萄是甜的，但是大部分葡萄酒却不是，这一历史原因倒是非常实际：最早的酿酒师是想提高酒精度降低糖度以防止腐败。甜酒和低酒精度的酒确实更容易遭受微生物侵染，而酒精度更高和更干型、低糖的酒有较长的生命力。

糖度 / 酒精度的平衡

传统上葡萄酒都会被酿成干型，因为这也是上千年来最容易的酿造方式。一旦发酵启动，酵母菌就会开始生产和工作直到所有的糖分被消耗，所以中止这一过程并不简单。

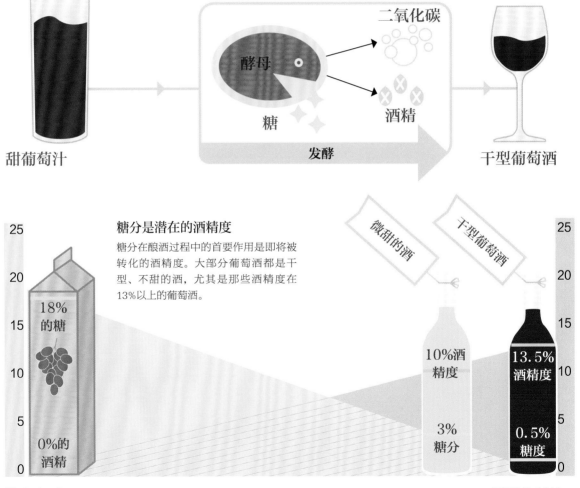

糖分是潜在的酒精度

糖分在酿酒过程中的首要作用是即将被转化的酒精度。大部分葡萄酒都是干型、不甜的酒，尤其是那些酒精度在13%以上的葡萄酒。

糖分（%）   酒精度（%）

梦幻中的甜葡萄酒

甜酒可能有些超产，但是它们永远那么令人垂涎欲滴。大多数欧洲葡萄酒产区都各自有酿造甜酒的方式，每一种都适应其当地的自然环境，在现代酿酒技术的帮助下更为稳定。基本上甜酒的酿造方式都遵循以下三种方法，囊括从半干到如糖果般甜美的甜酒。

方法一：
提前终止发酵

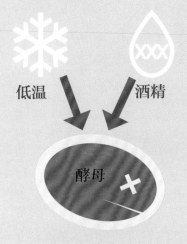

低温　酒精

酵母

中止酵母的生命进程可以在酒中保留些许葡萄糖分。主要有两种方式。

（a）降低温度

在临近冰点的温度中酵母活性会降低甚至死亡。通过这种方式保留糖分就意味着牺牲一部分潜在的酒精度。所以越是甜的酒其酒精度就会越低。

比如：半甜雷司令和桃红葡萄酒；甜意大利麝香葡萄酒。

（b）加入蒸馏的烈酒

酵母不能承受15%以上的酒精度，所以用白兰地来强化葡萄酒就可以中止发酵。

比如：甜葡萄牙波特酒；法国麝香自然甜酒。

方法二：
在发酵前浓缩葡萄果实

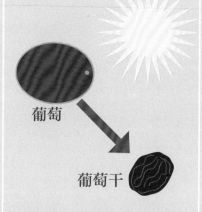

葡萄

葡萄干

降低葡萄果实中水分的含量可以增加其他物质的含量，包括糖分、酸度和风味物质。在温暖的产区，葡萄可以在收获后再晒一晒太阳，在寒凉的产区，延迟采摘非常常见。"迟摘"的葡萄会在葡萄藤上继续收缩和集中风味，酿出饱满甜润的酒。在寒凉的产区，葡萄甚至会一直挂在藤上直到深冬，用冰冻来集中保留果汁。

比如：意大利风干的圣酒桑托酒，西班牙的慕斯卡黛，法国迟摘的索泰尔讷，德国迟摘的精选；冰冻的奥地利冰酒和加拿大冰酒。

方法三：
在发酵后增加甜度

糖

葡萄酒

很多便宜的商超酒不是纯干的酒，他们会在干型酒里面混入少量的葡萄汁（或是浓缩汁）。许多优质的甜葡萄酒也是用这种方式酿造的。大部分都是使用葡萄本身的葡萄糖，但半甜的香槟使用蔗糖。

比如：德国圣母之乳（葡萄果汁）；法国香槟（蔗糖）；西班牙雪莉（葡萄干浓缩汁）；匈牙利托卡伊阿苏酒（迟摘的葡萄）。

品鉴：
认识处于不同发酵程度的酒

在家比较葡萄汁和葡萄酒

所有的葡萄酒都是从甜葡萄汁开始的，比如样品1，而大部分葡萄酒比如样品4都是没有残糖的干型酒，但是有相当的酒精度，酿酒师可以中止发酵过程酿出一款甜酒，样品2和样品3都是用中止法酿造的。

1. 将4个样品分别排列。在这样做的时候回想一下酵母是如何将葡萄汁变成葡萄酒的。

2. 在酒体越来越重的时候注意感受糖分和酒体的变化。

3. 注意在你闻鼻的时候糖分和酒精度都没有那么明显，但入口就会立马显现出来。

大部分葡萄酒都是干型的葡萄酒，但是酿酒师有时会提前终止发酵来保存部分葡萄的甜度。

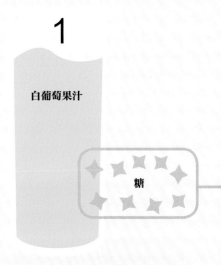

白葡萄果汁

糖

比如：
任何商超里卖的压榨葡萄果汁或者你自己榨一杯。

含量
100%鲜食葡萄含 18%糖分（大约）、0%酒精度（大约）。

你能否分辨出……？
非常甜；非常酸：有葡萄的风味和香气。

备注
葡萄汁是果汁里糖度最高的一种，这也是为什么它最适合用于酿酒。用其他水果酿造的酒往往酒精度更低，生命力更短。但葡萄酒很少使用鲜食葡萄酿造，但它们在甜度上已经足够帮我们感受出酿酒师酿造干白葡萄酒的原料是什么感觉了。

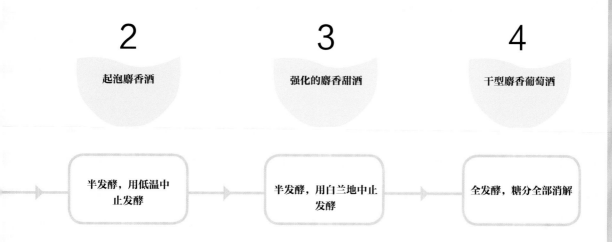

2	3	4
起泡麝香酒	强化的麝香甜酒	干型麝香葡萄酒
半发酵，用低温中止发酵	半发酵，用白兰地中止发酵	全发酵，糖分全部消解

比如：
意大利阿斯蒂或任何甜的起泡麝香葡萄酒，酒精度低于10%。

含量
100%麝香葡萄含 5%糖分（大约）、7%酒精度（大约）。

你能否分辨出……?
高糖分/甜润；高酸度/尖利；集中的果味；没有橡木影响；低酒精度/轻盈；高起泡度。

备注
起泡的甜麝香葡萄酒与它们给人的印象一样：一半葡萄汁一半酒。这种酒在完全发酵前被中止的酒留下来许多未被分解的葡萄糖，并牺牲掉一部分潜在的酒精度。它们的泡泡是发酵过程中自然产生的。

比如：
法国博姆–德沃尼斯的麝香酒，密涅瓦的麝香酒，弗龙蒂尼昂的麝香酒。

含量
100%麝香葡萄含 15%糖分（大约）、15%酒精度（大约）。

你能否分辨出……?
非常高的糖分/非常甜；低酸度/不醒目；集中的果味；没有橡木影响；高酒精度/重酒体；没有起泡度。

备注
这是一款用另一种方式在糖分分解之前中止发酵酿造的甜葡萄酒。加入蒸馏的烈酒杀死了酵母，创造出这种甜美、浓烈的利口甜酒。

比如：
法国阿尔萨斯麝香或任何在酒标上写明"干型"的澳大利亚、美国麝香酒。抑或阿根廷的特伦泰斯（不要选酒标上写有这些文字的法国麝香：vendange tardive, sélection de grains noble, vin doux naturel）。

含量
100%麝香葡萄含 0.5%糖分（大约）13%酒精度（大约）。

你能否分辨出……?
非常低的糖分/干型；高酸度/尖利；集中的果味；没有橡木影响；中等酒精度/中度酒体；没有起泡度。

备注
发酵成干型、没有残糖的程度——大部分干型葡萄酒都品尝不到任何甜味。通常其酒精度至少有12%，可以有效防止酒的腐败。

决定酒色和风格

白葡萄酒和红葡萄酒是用不同类型的葡萄品种酿造的，但这不是它们味道差异的主要原因。白葡萄酒和红葡萄酒是用两种完全不同的酿造方式酿造的。

两类葡萄，两种方法

想象用不同的两种做法处理同一种原料：番茄、洋葱和青椒。剥掉番茄皮，把所有混合物凉下来就是一盘美味新鲜的西班牙冷汤，毫无番茄皮里的苦涩味道。留着番茄皮和所有原料一起炖煮一番，结果完全不一样，就变成浓稠强壮的意大利面酱汁。葡萄也会是一样的性质，白葡萄酒的酿造与葡萄皮无关，只要保持冷凉过程压榨的果汁；酿造红葡萄酒却要求皮汁浸渍，还要有温控过程来提取尽量多的颜色和风味。

酿造红葡萄酒的方法

红葡萄酒尝起来更强壮更"苦涩"，像葡萄皮一样

这是因为红葡萄酒是用整个葡萄酿造的，包括皮、籽和果肉。红葡萄酒只能用深色的葡萄酿造，因为颜色和味道都来自于红葡萄皮。

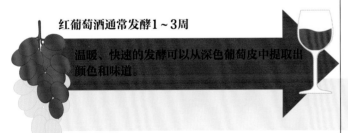

红葡萄酒通常发酵1～3周

温暖、快速的发酵可以从深色葡萄皮中提取出颜色和味道。

温暖、快速的发酵

酿酒师会保护发酵过程的热量以帮助提取葡萄皮中的颜色与风味成分，收敛、抗氧化的涩味单宁也在这一过程被提取出来。温暖的温度可以加速酵母的工作流程，这样酒汁就会更快发酵为干型的葡萄酒，简而言之这个化学反应发生得越多就越多发展出葡萄本身并不存在的新的风味和香气。

酿造白葡萄酒的方法

白葡萄酒尝起来更温和更"多汁"，就像新鲜的葡萄一样

这是因为白葡萄酒只用葡萄汁酿造，葡萄皮、籽和果肉都被舍弃。只有澄清的果汁用作白葡萄酒的酿造。所有的固态物质，包括有颜色的果皮，都在发酵前就被去除了。

白葡萄酒通常低温发酵2～3周，缓慢的发酵可以保存澄清果汁的新鲜度。

低温、缓慢的发酵保存了酒中新鲜的口感和清爽的果味。

缓慢、低温的发酵

酿酒师们同时使用制冷设备保存葡萄果汁原料新鲜精致的味道。没有葡萄皮这种抗氧化物质的存在，它们必须严格隔绝空气进入封闭的不锈钢桶或是木桶中以防止氧化。低温让酵母的工作过程慢下来，从而发酵的过程也变得温和，这一化学反应让新的香气成分更好地保存下来。

红葡萄酒，白葡萄酒，以及合二为一

决定葡萄酒风格的一大区别是葡萄何时被压榨，将果汁与固态物质分离：白葡萄酒是在发酵前，红葡萄酒是在发酵后，而桃红葡萄酒是在发酵中间。

红葡萄酒	白葡萄酒	桃红葡萄酒

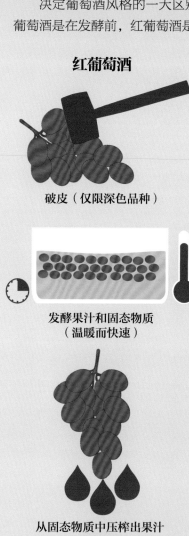

破皮（仅限深色品种）

发酵果汁和固态物质
（温暖而快速）

从固态物质中压榨出果汁

葡萄酒

破皮（不限颜色）

从固态物质中压榨出果汁

果汁

仅发酵果汁（低温而缓慢）

白葡萄酒

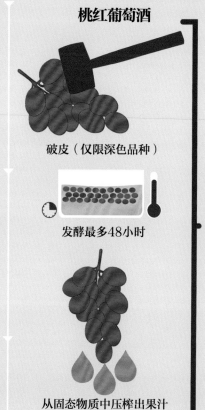

破皮（仅限深色品种）

发酵最多48小时

从固态物质中压榨出果汁

果汁

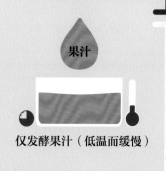

仅发酵果汁（低温而缓慢）

桃红葡萄酒

以红葡萄酒方式开始

以白葡萄酒方式结束

红葡萄酒

在橡木桶中发酵或陈酿

　　葡萄酒曾经经历过酿造和售卖都在木桶里的时代，现今大部分酒都是在封闭的不锈钢罐中发酵，然后装瓶售卖，然而，酿酒师们依然用传统的木桶来陈酿和提升那些最优质的酒。就像那些大厨用黄油和香料来为菜提味一样，酿酒师使用木桶为他们的酒增加质感和风味。

木桶的作用

　　木桶从三个方面影响葡萄酒。

所有的木桶都会集中酒体

　　水分和酒精度都会通过和木头的接触被吸收和蒸发一部分，留下单宁、风味物质，酸度也更为集中，提升酒的品质和陈酿潜力。

所有的木桶都能柔化和丰富酒的质感

　　通过木头之间气孔进入的空气，以非常慢的速度影响葡萄酒，进行氧化。这引起很小的化学反应，柔滑年轻严肃的葡萄酒，让它们在口中的质感更顺滑。

只有新木桶才能为酒增加橡木气息和单宁

　　橡木中含有可溶的风味物质和单宁，在一定时间后就会融合在酒中。新橡木桶赋予酒强烈的烘烤气息，就像在干邑和波本威士忌里的一样。然而，和茶包一样，一个橡木桶也会在4年之内逐渐失去它的味道。对于大多数酒而言，100%的新橡木桶都太强壮了，所以酿酒师倾向于每个年份更新20%~50%的新木桶。

桶还是片

橡木的味道为很多消费者所喜欢，所以那些廉价的酒有一条捷径可走：用橡木片来为酒增加橡木味。

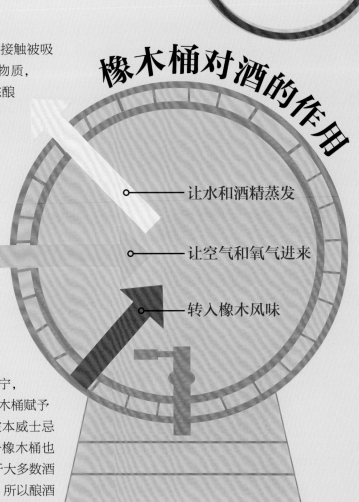

橡木桶对酒的作用

— 让水和酒精蒸发

— 让空气和氧气进来

— 转入橡木风味

橡木桶 VS 不锈钢发酵罐

想达到集中口味的三连冠，饱满的口感和橡木香气，都只有木桶能够满足。但不是所有的酒都能承受在橡木桶中耐心陈酿的成本。

惰性容器——没有橡木影响

在惰性容器如不锈钢罐中发酵的葡萄酒不受橡木影响。大部分白葡萄酒和桃红葡萄酒都不过桶，只有那些最轻盈、年轻、没有野心的红葡萄酒才这样做。

集中酒体

增强酒质

增加橡木风味

橡木桶——全木桶影响

优质的红葡萄酒可能先在不锈钢罐中发酵，然后装瓶前在橡木桶中成熟。因为这些红葡萄酒在年轻时非常涩口，根据酒的风格和对酒的期望值，需要3个月到3年的时间在橡木桶中熟成。只有那些最重的白葡萄酒才会使用木桶，往往是从一开始就在木桶中发酵，比如霞多丽。不管是红葡萄酒还是白葡萄酒，越是新的桶，时间越长，都会对酒有越强的橡木味道的影响。但是老橡木桶不会产生明显的橡木影响。

使用橡木——只增加橡木风味

许多人喜欢葡萄酒中有类似干邑的橡木风味，但以传统方式做到这一点既花费时间又花费成本。现代酿酒师可以用木头块或木头板来添加橡木味道，但这不能给予酒橡木桶陈酿才能赋予的陈酿感——集中酒体、增强酒质——所以这种方法多用于便宜的工厂酒。

新橡木：香草、焦糖、甜点香、可可果……

新橡木有特别像甜点的香气成分，尤其是香草。烘烤木头以弯曲制桶的过程赋予了木头表面坚果类的内酯香和焦糖化的气息。酿酒师使用木桶为酒做调味，也会对不同风格的橡木和烘烤程度做考量。

对酿酒师而言，法国橡木和美国橡木的区别就像埃塞俄比亚和哥伦比亚咖啡的区别。木桶"烘烤"程度也与咖啡烘烤的程度类似。小橡木桶对酒的影响更集中，就像浓缩咖啡也增强了咖啡的集中度：这意味着酒与橡木之间有更多的接触面积，从而有更强风味的影响。

品鉴:
认识葡萄皮色和橡木桶

在家做四款酒的品鉴

这四款酒都是用来自皮诺品类的深色葡萄酿制，但它们的颜色取决于果汁和果皮接触的时间。红色和紫色的葡萄也可以酿成白葡萄酒，只要在发酵前去掉皮就可以。简单的皮汁浸渍可以增加一丝颜色和味道。只有红葡萄酒才会进行橡木桶陈酿。

1 品尝1号酒（干白）和2号酒（桃红）。注意二者的新鲜度。这是因为它们都是低温发酵，采取最少的皮汁接触，直接装瓶不过桶，在年轻时销售。

2 现在品尝3号和4号的红葡萄酒，注意温暖的发酵让酒的风味有何变化。作为优质的红葡萄酒，这两款酒都进橡木桶进行柔化和丰润其口感。但是4号酒来自于新橡木桶，酒体更为集中，这一点在品鉴中表现应该很明显。

> 带皮发酵不仅提取了颜色和风味，如果进入橡木桶陈酿，苦涩的成分还会得到柔化并熟成

用红葡萄酿造的不过桶
干白葡萄酒

1

灰皮诺

收获后立即压榨，去除固态物质。

比如:
意大利灰皮诺，德国灰皮诺，美国或加拿大灰皮诺。

你能否分辨出……?
低糖/干型；高酸/尖利；低果味集中度；没有橡木味道；低酒精度/轻盈；无单宁。

备注
灰皮诺是黑皮诺的浅色变种。当黑皮诺是深紫色时，灰皮诺就是浅红色。因为它的颜色没有深到能酿出优质红葡萄酒的程度，所以就会直接压榨，得到果汁进行低温发酵，酿出白葡萄酒。

用紫葡萄酿造的不过桶 桃红葡萄酒	用紫葡萄酿造的过旧桶 干红葡萄酒	用紫葡萄酿造的过新桶 干红葡萄酒
2	**3**	**4**

黑皮诺桃红

法国黑皮诺

优质黑皮诺

在发酵初段压榨，去除固态物质

带着固态物质发酵，随后在温和的旧橡木桶中陈酿

带着固态物质发酵，随后在新橡木桶中陈酿

比如：

澳大利亚或其他国家如法国勃艮第和新西兰黑皮诺桃红葡萄酒。

• • • • • • • • • • • • • • • • •

你能否分辨出……?

低糖/中等干型；高酸/尖利；中和的果味集中度；没有橡木味道；低酒精度/轻盈；微不足道的单宁。

• • • • • • • • • • • • • • • • •

备注

酿造桃红葡萄酒既使用了酿造干红的方法也使用了酿造干白的方法。深色的葡萄被压榨后带皮浸渍6～48小时，当它们提取了足够的颜色和风味后，桃红色的果汁与固态物质分离后进行低温发酵。

比如：

中等价位的勃艮第黑皮诺或其他年轻的法国勃艮第如梅尔居雷、桑特奈。

• • • • • • • • • • • • • • • • •

你能否分辨出……?

非常低的糖分/非常干；高酸/尖利；中和的果味集中度；中和的橡木味道；中等酒精度/中等酒体；中和的单宁。

• • • • • • • • • • • • • • • • •

备注

红葡萄酒从深色葡萄皮中提取颜色和风味，伴随着粗糙苦涩的单宁，酿酒师在装瓶前将红葡萄酒放入橡木桶陈酿进行熟成。那些价格适宜的欧洲红葡萄酒常常在已经失去新橡木桶味道的旧橡木桶中陈酿。

比如：

加利福尼亚州的索诺玛郡或蒙特雷以及俄勒冈州、新西兰或加拿大的黑皮诺。

• • • • • • • • • • • • • • • • •

你能否分辨出……?

低糖/干型；中等酸度；浓郁的果味集中度；浓郁的橡木味道；中等酒精度/中等酒体；中和的单宁。

• • • • • • • • • • • • • • • • •

备注

优质的新世界葡萄酒常常用更为成熟的葡萄酿制，酿酒师也会最大程度地提取颜色和风味。因为酿出的酒更集中更浓烈，也需要更长时间的木桶陈酿来柔滑它们。浓郁的果味也值得新橡木桶的"调味"。

特定类型：强化酒

　　大部分葡萄酒的酒精度都来自于自然的发酵；但是还有一种常见的风格"强化"，其酒精度来自蒸馏的烈酒——通常是粗糙的白兰地如意大利果渣白兰地格拉巴酒这种接近纯酒精的烈酒。强化酒比标准的葡萄酒酒精度要高，15%～20%。这让它们闻上去和喝上去都更强壮，这也是为什么它们以小剂量侍酒。它们可以是红葡萄酒也可以是白葡萄酒，但最流行的都是甜型酒。

了解一点历史

　　强化酒是一件历史遗物，因为我们喜欢它的味道从而存活下来。葡萄酒桶以前是被酒商和船员加入烈酒的，而不是酿酒师，是为了保证长途船运酒的质量。就像咸鱼和腌渍的蔬菜一样，这都是为了防止在长途运输中出现腐坏，尤其是在炎热的气候中。这解释了最流行的那些强化酒——从波特到雪莉，从马德拉到马瑟拉——都是被英国商人所启发，当时他们要将来自炎热气候的波特酒通过海运运输到日不落帝国的各个角落。在酒庄，英国人拥有所有权或决定权，通过加烈酒稳定葡萄酒的方式直接深入到酿酒过程中好提升品质。不列颠本土和其世界各地的殖民地对这类产品的大量需求使得葡萄牙、西班牙和意大利的酒商们纷纷跟风效仿。

炎热气候下的葡萄酒
强化酒通常是炎热产区的特产，那里葡萄的糖分和酒精度由于充足的日照轻易就可以达到要求。

应时而需的风格变化

历史遗留的问题
给已经完工的葡萄酒加入烈酒来防止长途运输中的腐坏。

在酿酒过程中加烈酒
在发酵完成之后、陈酿之前加入烈酒，传统上称为"雪莉法"。

优化甜酒的酿造
在发酵过程中间假如用烈酒杀死酵母，保存葡萄糖分，传统上称为"波特法"。

雪莉法：

在发酵完成后强化

　　用这种古老方式酿制的葡萄酒通常是已经发酵完的干型白葡萄酒。这部分"基酒"随后用烈酒强化并陈酿，这种葡萄酒可以是也可以不是甜型酒，如果它们定位为干型就是菲诺雪莉，甜而浓稠的就是奶油雪莉。

　　雪莉酒常常以浓郁的风味来平衡其高酒精度。以雪莉法酿造的酒包括以下几种。

西班牙雪莉酒
用氧化的陈酿加强风味的茶色雪莉酒，用酒花酵母陈酿的较淡颜色和轻酒体的菲诺雪莉（或阿蒙蒂亚雪莉）。

⋯⋯⋯⋯⋯⋯⋯⋯⋯⋯⋯

葡萄牙的干型马德拉酒
用高温下的氧化加强风味，所谓的马德拉化有干型的塞尔斜葡萄酒或华帝露马德拉酒。

⋯⋯⋯⋯⋯⋯⋯⋯⋯⋯⋯

意大利干型苦艾酒
很少以葡萄酒的身份售卖，事实上，苦艾酒是以香料如香草或其他植物药材增加风味的强化酒。

葡萄牙波特：

在发酵期间强化

　　这一方法也被称为"Mutage"，是更近代的发明并且只可能酿成甜型葡萄酒，有白葡萄酒也有红葡萄酒。烈酒的添加在更早的酒精发酵阶段。因为酵母不能承受超过15%的酒精度，白兰地的加入就会让发酵过程提前终止并保证糖分的留存从而酿成甜型葡萄酒。用波特法酿造的葡萄酒有以下类型。

葡萄牙波特酒
大部分波特酒都是红葡萄酒并被分为两大类型；赤褐色的茶色波特酒和橡木桶陈酿、有坚果气息的经典的紫红色波特酒，因为隔绝了氧气所以拥有新鲜的果酱气息和更多活力。

⋯⋯⋯⋯⋯⋯⋯⋯⋯⋯⋯

法国自然甜酒
白色麝香葡萄酒甜润可口，适宜在年轻时饮用，但歌海娜为基础的红葡萄酒如股努尔就略干一些，常常在橡木桶中陈酿。

⋯⋯⋯⋯⋯⋯⋯⋯⋯⋯⋯

西班牙利口酒
来自雪莉产区安达卢西亚的慕斯卡黛和佩德罗－希梅内斯以晒干的白葡萄酿制并进行强化。

⋯⋯⋯⋯⋯⋯⋯⋯⋯⋯⋯

其他以这一方式酿造的还有甜马德拉、葡萄牙麝香、意大利的马瑟拉和甜苦艾酒，以及西班牙的马拉加葡萄酒和蒙的亚－莫利莱斯。

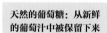

加入葡萄糖（非必选项）：葡萄干的糖浆或浓缩葡萄汁

天然的葡萄糖：从新鲜的葡萄汁中被保留下来

加入酒精：蒸馏烈酒（葡萄白兰地）

加入酒精：蒸馏烈酒（葡萄白兰地）

天然的酒精：发酵过程中产生的

天然的酒精：发酵过程中产生的

特定类型：起泡酒

二氧化碳和酒精都是发酵的产物，所以所有的葡萄酒都有过带泡泡的一个阶段。这些气泡常常直接被释放掉了，但有些酒带有"起泡感"会更好喝。为了捕捉这些自然的二氧化碳气泡，酿酒师们调整了标准的酿造方式，发酵的最后一步将酒存入密封的容器中以保存气泡。

传统方法

来自香槟的繁复的"传统方法"因其美味的功效在世界范围内被使用：这些优质的起泡酒有着绵密的气泡，将轻盈、新鲜的酒体和丰满的酒质结合在一起。但是便宜的起泡酒则使用较短的时间陈酿——或是调整传统法陈酿的时间或是直接跳过第二次发酵的步骤。

1 酿造基酒
干型低酒精度的静置白葡萄酒被酿造出来，有时还将不成熟的红葡萄与白葡萄混酿在一起。

2 装瓶、加糖
将基酒和一定剂量的糖与酵母装瓶，封存。

3 二次发酵
酵母消耗掉糖分，产生酒精和二氧化碳，即高压下封存在内的气泡。

4 带酒脚陈酿
发酵完成后有酵母的沉淀物，将葡萄酒与这些"酒脚"陈酿可以增加风味、令酒质更饱满。

5 澄清葡萄酒
在6个月或10年的瓶中陈酿后，通过颠倒瓶子和有控制地放气，澄清的葡萄酒与沉淀物分离。

6 加入糖和酒
为了弥补失去的酒汁，会加入一些蔗糖来平衡非常干的酒体。对于桃红葡萄酒是用加入红葡萄酒的方法来增色。

起泡酒的制作和特点

	香槟类型	普罗塞克类型	阿斯蒂类型
生产方法	二次发酵，第二次在密封的瓶中	发酵两次，第二次在密封的不锈钢罐中	发酵一次，在密封的不锈钢罐中
关键点	风味和质感被长时间的酒脚陈酿强化	在年轻时就装瓶以保持新鲜度	中止发酵以保存甜度
起泡	优质的气泡，持续很长时间的绵密气泡	中等气泡，持续一定时间长度的丰满气泡	大气泡，持续较短时间的肥皂泡状
甜度	大部分是干型或者非常干的类型	大部分是干型或微微的半甜型	大部分是甜型

甜度的分级

起泡酒最让人困惑的方面之一是酒标上标明甜度的等级，因为历史原因它们还保留了原始的说法，甚至与实际喝上去貌似是相反的。法国香槟最早是与现代软饮料有一样多的糖分。但随着时间流逝，消费者希望有更干的类型，酒厂就会添加越来越少的糖分在里面，并标注Demi-Sec或Sec，意思是半干型或干型。当出口市场需要更干的酒时，他们就创造了一个新词表示"比干型还干"，即Brut（绝干型），意为原始未经加工，表示这些酒几乎没有糖分的含量。

一款真正的绝干型起泡酒

绝干型起泡酒的含糖量低到感知不到，并且主宰了优质起泡酒的主要市场。容易混淆的是，"特干型"并不是其名字所表达的更干，甜度比绝干型起泡酒要高一些。

Demi-Sec
半干型

Extra-Dry
特干型

Brut
绝干型

Brut Nature
天然干型，不加糖

章节回顾

以下是这一章节你应该学习的重点。

✓ 葡萄酒通过**发酵**被酿造，是一个活性酵母将葡萄糖转化为**酒精和二氧化碳**的过程。

✓ 大部分葡萄酒都是干型的，尤其是那些酒精度超过13%的酒，因为发酵会**耗尽葡萄糖分**。

✓ 酿酒师可以通过中止发酵、发酵前浓缩葡萄汁和给一款干型酒增甜这三种方式酿造**甜酒**。

✓ 白葡萄酒可以用**任何颜色的葡萄**酿制，因为发酵前葡萄皮就被去除了，但是红葡萄酒和桃红葡萄酒就只能用**深色葡萄**酿造。

✓ 白葡萄酒品尝起来更像葡萄汁，因为使用低温发酵保存其**新鲜度**。红葡萄酒品尝起来更像葡萄皮，因为温暖发酵会提取颜色、风味和单宁物质。

✓ 桃红葡萄酒开始发酵时是带着**葡萄皮**的，像红葡萄酒一样，但是很快就会去掉，以像白葡萄酒一样的发酵方式结束。

✓ 在橡木桶中发酵或陈酿的葡萄酒会集中和丰富它的口感。如果部分使用了新橡木桶，酒还会有明显的**橡木风味**。

✓ 橡木陈酿对于红葡萄酒而言比白葡萄酒更有必要，因为它可以**柔化和熟成**酒中粗糙强壮的葡萄皮成分。

✓ 有些葡萄酒通过添加烈酒得到**强化**，提高酒精度到15%～20%，但不是所有的都是甜型葡萄酒。

✓ **二氧化碳气泡**是发酵中自然产生的物质。大部分**起泡葡萄酒**都是通过在密封容器中二次发酵静态葡萄酒来封存气泡。

葡萄种植的选择

质量，密度和风土

　　任何酿酒师都会告诉你葡萄园中的工作比酒庄中的工作更重要。因为葡萄酒只用葡萄酿造，其所有的味道和质量都会直接反映在杯中酒里。地理风貌——从大产区的微气候，到每一个地势间的变化——都会对塑造果实的风味有明显影响。耕作决定的每一个层面同样也会有深远影响——不仅仅是简单地决定何时采摘，在哪里种植，而是一个如何管理土地中生命循环的严肃问题。

位置，位置，位置

土地对葡萄的影响远比其他农作物要深。葡萄园中发生的每件事都会直接影响到葡萄酒未来的味道——从地理的宏观层面来讲比如纬度，从微观层面来讲比如土壤的成分；从不能变更的地理特质来讲比如方位，从可变的条件来讲比如收获的天气等。

明白葡萄酒

一旦你开始了解一些关于土地的核心内容，许多葡萄酒令人困惑的方面就会豁然开朗。

知道名字

最大的葡萄酒产区比如美国的加利福尼亚州或意大利的托斯卡纳，因为产区的名声也酿造最便宜的日常餐酒。优质产区相对而言更小一些比如美国的罗斯福或意大利的巴罗洛。

> 一个葡萄酒产区或是一个地区，是酒标上最重要的质量标识

卓越的葡萄酒只能来自于伟大的葡萄园。赤霞珠也许是一种品质很好的品种，但需要特别的种植条件：如果种在撒哈拉或西伯利亚必然酿不出好酒来。这就是为什么许多欧洲葡萄酒以产区命名，比如罗讷丘，而不是品种，比如歌海娜。

> 根据法规，那些最小的产区往往也是酿造最珍贵优质葡萄酒的产区

葡萄酒种植地的详细规范意味着更好品质的潜质和更好的价格。没有理由在一个大产区中再细分一个小产区，除非这里能酿出更优质的酒来。在欧洲，最高品质的法规都是给最小的产区。

小和更小

在一个较大的产区中，比如加利福尼亚州，最好的葡萄园区域会建立起其自有的产区好将其优越的品质区分出来，同时提升价格。曾经一度，这些子产区，比如纳帕谷，就是以酒的品质定位了自身地位，其酒价一直也居高不下。如果一个产区足够有名，这里的生产者们就会重新启动这一机制，塑造出一个更小的子产区，比如纳帕谷的罗斯福和豪威尔山子产区。

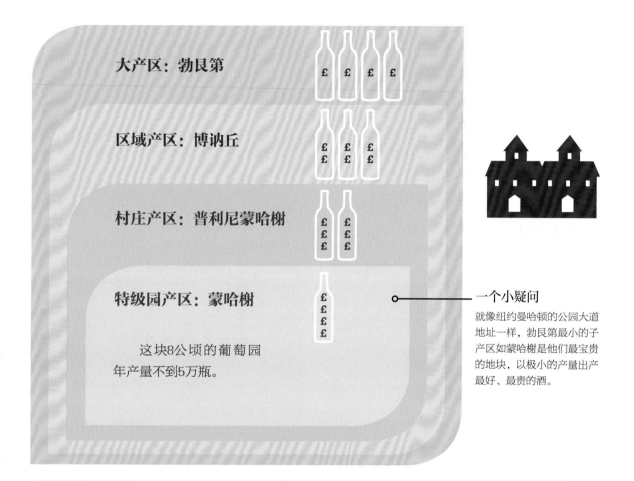

大产区：勃艮第

区域产区：博讷丘

村庄产区：普利尼蒙哈榭

特级园产区：蒙哈榭

这块8公顷的葡萄园年产量不到5万瓶。

一个小疑问

就像纽约曼哈顿的公园大道地址一样，勃艮第最小的子产区如蒙哈榭是他们最宝贵的地块，以极小的产量出产最好、最贵的酒。

产区和原产地

产区是葡萄酒的原产地，标志了葡萄园的价值。就像佛罗里达州的橘镇的高价，波尔多的酒也是如此。但葡萄酒产区还可以走得更深、更细致，比如传奇的玛歌村就位于波尔多备受推崇的梅多克半岛。越是历史悠久的葡萄酒产区，其产区划分的架构就越复杂。勃艮第（Burgundy）最大的产区，勃艮第（Bourgogne），包含了100多个其他的产区，比如从大区到区域到村庄到葡萄园。最小的特级园或单一葡萄园的产区只有几十个，这些园子出产最好的勃艮第酒。

地理和气候

葡萄藤需要一些特定的条件来种植，因为所有的葡萄酒产区都有一定的相通性。它们所处的纬度，有着足够温暖的夏季来让葡萄成熟，也有足够寒冷的冬季让葡萄藤度过冬歇。但是在这些限制之内，还有很多产区之间的差异会影响葡萄酒最终的味道。

相对的成熟

葡萄园的地理位置以许多方式影响葡萄酒的风味，大部分在成熟期更加明显（请参看第四章）。比如，比起在新西兰，葡萄在南澳大利亚成熟地更快更粗野，因为它们离赤道更近，也没有离冷的海域那么近。托斯卡纳海岸边的葡萄藤在收获季遭受更多的阴天和雨天，而阿根廷的葡萄园则位于安第斯山脉脚下靠近沙漠的位置。

地势控制

在葡萄酒产区里，也需要有利的地势来帮助葡萄的成熟——比如霞多丽在法国北部夏布利这样寒冷的产区，就需要尽量多的阳光才能成熟，这里优质的葡萄园都是南向的，即使在这样的地块，也还是需要好天气的帮助才能得到健康的葡萄。夏布利最好的葡萄酒来自其6个最好的特级园。它们占据了南向的斜坡，以石灰石质的土质为主，好能反射地面的阳光给葡萄。地势和土壤的合理结合能够很大程度地帮助葡萄的成熟，从而酿造出比世界上其他任何地方都好的霞多丽。

比较不同产区的同一品种

生产者会十分纠结到底在什么地方种什么品种才是最好的选择。比如勃艮第原产的黑皮诺和霞多丽就能很好地适应寒凉的天气，而来自波尔多的厚皮的赤霞珠需要更多的阳光才能成熟。

太高：太干燥、风太大

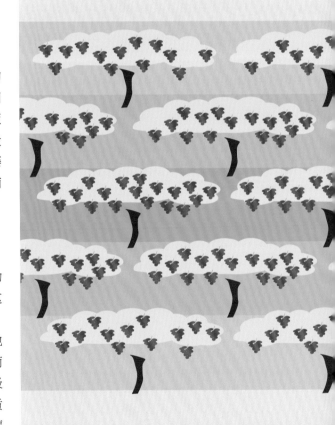

位置的重要性

葡萄种植在哪里分外重要——不仅仅限于国家或气候，而要细分到山的哪一面。

朝南的坡向

　　黑皮诺在太热的时候会被烤焦，但仍然需要足够的阳光来发展集中的风味。在勃艮第，最好的葡萄酒都来自面对太阳升起方向的陡坡，称作Cote d'Or（金丘）。几个世纪以来，这些位于陡坡正中间位置的葡萄园生产出最优质的葡萄酒，且大部分都被定做特级园。然而，长在特级园上方或下方的葡萄就落到了一级园的水准，甚至只能以村庄命名。国际上的黑皮诺也同样适用于这一标准：从加拿大到新西兰，生产者只在寒冷的产区种植这一品种，并且都会是面向太阳的坡向以达到同样的效果。

好

更好

最好

更好

好

太低：太湿润，太潮湿

好，更好，最好

在勃艮第的金丘，种植黑皮诺最好的特级园都位于山坡的中间位置，如图所示，然后是一级园，再下面是村庄级。

风土的影响

地理和气候上的差异性可以让同一个葡萄品种在不同的产区有明显的差异。即使是一个产区里地势和土壤的差异也会影响成熟的可能性，随之影响酒的风味。

什么是风土

风土是法语土地或土壤的意思，但适应为葡萄酒世界的语言意思是当地特有的味道，即"一个地方的风味"。风土常常用来形容"泥土"或"矿物质"气息，但同时也可以指向葡萄酒的成熟、质感和回味。一些专家可以通过单独的品鉴认出葡萄酒来自哪块葡萄园，但对于一般的葡萄酒饮者风土没有那么容易被辨别出来。如果葡萄酒是音乐，风土就不仅仅只是一段旋律或者某个特定的音响设备或是录音室——你必须是位能听着音乐就能辨别出是哪位演奏家的狂热爱好者。

读取风土二字，会让人直接联想到这是不是说酒里面有泥土，当然不是，但上千年来葡萄园和泥土对葡萄酒味道的影响确实很大，而现代农业对风土还能起到促进或压制的作用。具体的机制很难完整地解释，但葡萄园中生命的交互循环已经说明了答案，尤其是那些发生在土壤更新和发酵中的微生物活动。当然系统的化学制剂如除草剂也隐隐地体现在酒中，暗示了地下的生态网与酒质之间的关系，因此许多优越的生产者们也越来越倾向于有机或自然种植。

可品鉴出的环境

葡萄园中的土壤和生态系统是影响葡萄生长的主要因素，因此其作用也可以在杯中被品鉴出来。

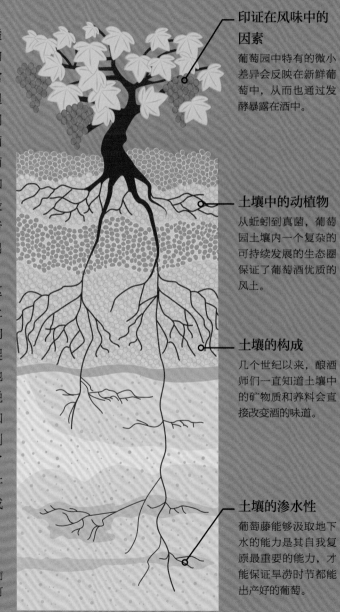

印证在风味中的因素

葡萄园中特有的微小差异会反映在新鲜葡萄中，从而也通过发酵暴露在酒中。

土壤中的动植物

从蚯蚓到真菌，葡萄园土壤内一个复杂的可持续发展的生态圈保证了葡萄酒优质的风土。

土壤的构成

几个世纪以来，酿酒师们一直知道土壤中的矿物质和养料会直接改变酒的味道。

土壤的渗水性

葡萄藤能够汲取地下水的能力是其自我复原最重要的能力，才能保证旱涝时节都能出产好的葡萄。

该变好玩儿起来啦

我们知道微生物可以创造出复杂的风味来，就像生奶酪如罗克福羊乳蓝纹干酪和格鲁耶尔奶酪一样。老世界的葡萄酒和奶酪制造传统中特别强调每个个体的有趣之处，因此土壤中的风土特质也常常在欧洲葡萄酒中得到赞誉。新世界国家倾向于清理掉一切微生物，所以他们的葡萄酒尤其是以性价比为卖点的酒就会强调无比干净的果味。

土壤的重要性

风土的概念——即我们品尝到的葡萄园环境所起的作用——是一个帮助我们理解优质的葡萄酒如何运作的有力工具。复杂的法定产区系统和葡萄园分级都是在梳理葡萄酒的风土特质。

波尔多可以给我们一个典型的例子。赤霞珠酿造这里最顶级的酒，但其厚实的皮需要热量才能完全成熟，所以在左岸排水性良好的格拉芙区比其他黏土土质的地方表现更好。因此1855年世博会关于波尔多列级庄的分级，有90%的酒庄都坐落于梅多克半岛的格拉芙村并不是一个偶然。

早熟的梅洛可以在黏土上酿出不错的酒来，但是，因为这些地块更边缘，酒价也随时降低，大部分梅洛被卖作波尔多大区的餐酒。

许多意义

狭义而言，一个葡萄酒的风土特质是其葡萄园赋予的风味和香气特质。广义而言，一个产区的风土是许多影响风味因素的集合体，包括气候、地势和土壤。

左岸的梅多克
温暖、干燥的砾石增强了成熟潜力：是赤霞珠的理想土质

右岸的波尔多
寒凉、潮湿的黏土限制了成熟的可能性：更适合梅洛

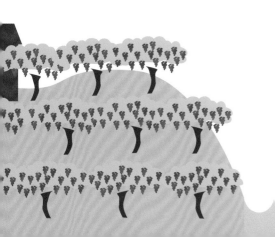

种植看数量还是质量?

即使是在一个产区，那些便宜易饮的酒的耕作方式与奢侈高端的酒有很大不同。手工葡萄酒与量产葡萄酒的区别就像私家菜园和超市番茄的区别一样大。

在哪儿种植葡萄藤

平坦肥沃的土地容易使用拖拉机，也能保证产量，是高产作物的理想之地；陡峭、难以行走的地块也很难做农活，产量甚少，但其果实可以酿出更优质、高价的酒。

量产酒和高端酒

生产量产酒和高端酒的葡萄园在生产能力与农业理念上都是截然相反的管理方式。重视产量的酒商从种植者手里收购最大化量产的葡萄。为了降低成本这些种植者可能会施肥、灌溉、使用化学农药来增加产量。然而，讲究的生产者，会选择手工种植，常常在其自有的土地上耕种（当然也有例外），因为大产量会稀释葡萄的风味，因此亩产量会被刻意压制，并尽少甚至不用化学产品。

酒庄还是非酒庄

生产者在其自有的土地上可以更好地控制葡萄酒的质量。新世界产区会暗示这一点，在酒标上标出"estate bottled（酒庄装瓶）"。在欧洲，每个产区酒庄的名称会不一样，勃艮第的domaine，波尔多的château，托斯卡纳的tenuta，不过你会发现生产商的名字会用较小的字体印刷。如果不是自有的土地或自种的葡萄，就会用买来的葡萄酿酒。

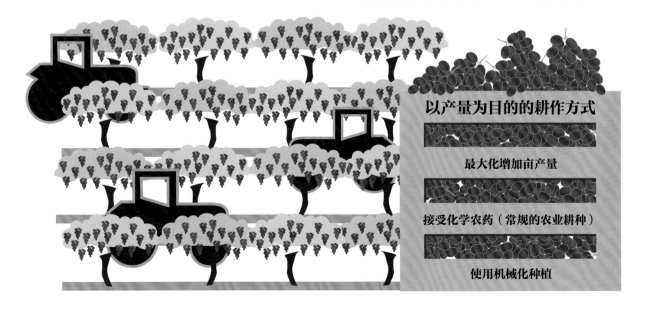

以产量为目的的耕作方式

最大化增加亩产量

接受化学农药（常规的农业耕种）

使用机械化种植

耕作的类型

在工业革命之前，所有的耕作以今天的标准来看都是有机种植。但是今天，产量至上的农业规范设计了太多化工肥料、杀真菌剂、除草剂、杀虫剂，葡萄种植同样也不能幸免。但是生产者们深知减少或淘汰葡萄园中的化学制剂可以提高葡萄的潜在品质。

不是所有的高端葡萄酒都是用有机葡萄酿制的，但是酒越好，就越有可能是自然生长培育的，许多生产者也专门做了这类有机认证好给他们的消费者承诺，有些甚至还走得很远，做自然的生物动力法种植。尽管生物动力法有些像做秀，更像是信仰而不是科学，但也很难就结果做争论，以这种方式酿出来的酒更有个性，更具风土特性，也有更长的回味——具备一切收藏级别的酒应该有的特质。但是自然的耕作成本更高，所以这一举措也更常见于高价的葡萄酒而不是商超酒。

管理葡萄园的产量

葡萄藤结果越少就可以达到越完美的成熟度。过多产果的葡萄藤可能达到能够酿酒的糖分，但缺乏风味，在某些方面也并不平衡比如酸度。生产者如果想提高品质必须牺牲一部分产量，这也解释了优质葡萄酒的价格为何可以一路攀升。

使用有机葡萄

作为一款得到有机认证的葡萄酒，酿酒师不容许使用任何添加剂，但是发酵前少量的二氧化硫是几个世纪以来酿酒必不可少的一个步骤，省去这一点除了不能对装瓶后的硫含量有所改变之外，也一定程度上缩短了酒的寿命，因此，你会更容易见到酒标上写道"使用有机葡萄酿造"而不是"有机葡萄酒"。

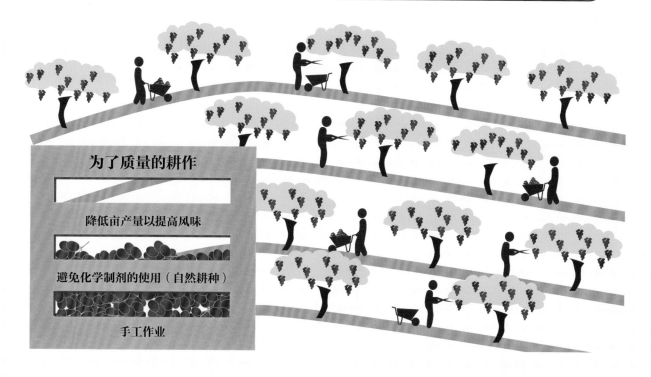

为了质量的耕作

降低亩产量以提高风味

避免化学制剂的使用（自然耕种）

手工作业

品鉴：

认识不同葡萄园的因素

比较来自不同产区和不同质量级别的酒

准备四款样品酒，来感受葡萄园的位置和酿酒技术如何影响酒的品质。

1 注意选择两对来自同一品种不同产区和来自同一产区不同级别的酒。但是在每一对酒中，第一款是更基础款、来自更大产区的酒，第二款是更为优质来自更小子产区的酒。

2 此时可以关注到，尽管每对酒样本身还是相似的，2号酒与4号酒更成熟更集中，你还应该发现它们也有更为优异的香气成分。便宜、来自大的入门产区的酒在风味上更中和、回味略短，没有来自更小、更优质的产区的酒那么优越。

即使是同一葡萄品种，地理和种植上的不同可以生产出品质完全不同的葡萄酒

1

中等勃艮第干白
葡萄酒

2

优质勃艮第干白
葡萄酒

比如：
法国马孔白葡萄酒，或类似于马孔村和勃艮第村庄级的干白葡萄酒。

你能否分辨出？
低糖分/干型；高酸度/尖利；没有橡木味道；中等酒精度/中度酒体；简单、易饮、新鲜。

备注
以大产区级别装瓶的葡萄酒——如大区级勃艮第——可以既好喝又新鲜。但是它们所处的葡萄园并不是最优异的，其酿酒的葡萄也可能来自大区内的任何地方。

比如：
法国普仪芙赛或其他相似的高端勃艮第干白如默尔索或夏瑟尼–蒙哈榭。

你能否分辨出？
低糖分/干型；中等酸度；中度橡木味道；高酒精度/重酒体；更饱满、集中、富有风味。

备注
以更小产区名字装瓶的酒——如这款村庄级别的勃艮第，有更多潜质，也有更明显的集中度。这一点在欧洲尤其突出，越是小的产区其质量划分的法规更严格。

3

中等美国黑皮诺

4

优质美国黑皮诺

比如:
加利福尼亚州黑皮诺和其他来自南澳大利亚的商超设拉子酒。

••••••••••••••••••••

你能否分辨出? ••••••
较浅的色泽；低糖/干型；中等酸度；中等果味集中度；中度橡木味道；中等酒精度/中度酒体；年轻、简单、易饮。

••••••••••••••••••••

备注
在新世界国家耕作约束较少，但是像巨大的产区如加利福尼亚州会倾向于混入一些传统产区的风范。这些酒可以简单易饮，但缺少深度和复杂度。

比如:
加利洛或俄罗斯谷、索诺玛郡的黑皮诺，抑或一款优质的澳大利亚巴罗萨谷的设拉子。

••••••••••••••••••••

你能否分辨出? ••••••
较深的色泽；低糖/干型；中等酸度；浓郁果味集中度；强壮橡木味道；高酒精度/重酒体；更集中、馥郁和复杂。

••••••••••••••••••••

备注
当更为理想的种植地块被发现时，子产区就此形成。这些葡萄园天生具备生产更有深度、更具特色的葡萄酒的潜质，当然价格也相应更高，这也是生产商为了平衡低产高质的成本。

章节回顾

以下是这一章节你应该学习的重点。

✓ 酒标上最重要的品质信息是其**产区**或是原产地的信息。

✓ 越是小的产区通常比大产区酿造出**更好的酒**。

✓ 在大的葡萄酒产区，如勃艮第或加利福尼亚州，最好的葡萄园都会有其自己的**子产区**名字以强调其优质的葡萄酒。

✓ **葡萄园地理**包括这一产区的气候和地形，这都对其**葡萄成熟**有明显影响。

✓ 在**表现**不会好的地方葡萄几乎很少在那里被种植。

✓ 地理和气候的区别也意味着来自不同产区的同一品种喝起来会很不一样。

✓ 法国词风土在葡萄酒世界中意味着当地特有的味道，即"一个地方的风味"。

✓ 酿造量产酒的葡萄园和**优质葡萄酒**的葡萄园在**产量**和**耕作理念**上都完全相反。

✓ 越是好的酒，越倾向于用**自然的方式**耕种，使用最少的化学制剂。它们也会有更长的回味和尝有**个性**的味道。

✓ 大的"基础款"产区倾向于生产味道平庸、回味较短和不像高端酒那么优越的品性，它们的价格也更**容易承受**。

文化的传承

历史，传统和创新

　　不同国家的葡萄酒有不同的风味，这种差别并不单纯是因为地理的原因。人与自然一起在葡萄酒酿造的过程中扮演着至关重要的角色，在多样化的人文差异背景下，葡萄酒也各自被孕育出不同的味道（见第52～53页）。欧洲葡萄酒发展的历史和随后的殖民地扩张史帮助我们揭开了葡萄酒的神秘面纱。如今，即使是在全球化潮流的冲击下，由于历史传承与当地饮食文化的不同，新世界与老世界的葡萄酒品尝起来仍然有着明显的区别。

老世界还是新世界？

对于葡萄酒专业人士而言最常用的一个分析就是将产地划分成以欧洲为代表的老世界和包括美洲以及南半球国家的新世界。

风格差异

"老世界"和"新世界"这类叫法听起来也许有些老套，但是用在今天的葡萄酒市场仍然具有意义。欧洲葡萄酒不仅在包装上使用特定体系的酒标（参见第52–53页），甚至在开瓶之前就可以预测到其与众不同的味道。所以，即便是使用同样的葡萄品种和酿造工艺，老世界与新世界的酒品尝起来还是有着各自的风味，描述如下。

老世界的风味特征

- 更加"传统"——配合食物品尝更佳；
- 酒体较轻/酒精含量较低；
- 甜感较低（在干型酒的类别中）；
- 酸度较高；
- 更加细腻精致带有果香；
- 轻微的橡木香气（如果使用橡木桶）；
- 更加艰涩的单宁（红葡萄酒）。

新世界的风味特征：

- 更加"现代"——适合单独饮用；
- 酒体较丰满/酒精含量较高；
- 甜感明显（在干型酒的类别中）；
- 酸度较低；
- 浓郁成熟的果味；
- 强烈的橡木香气（如果使用橡木桶）；
- 比较柔和的单宁（红葡萄酒）。

注：书中插图系原文插图

葡萄酒出产国

许多国家都出产葡萄酒，但当今世界葡萄酒市场的主流是法国、意大利、西班牙、德国、葡萄牙以及奥地利等代表的老世界，以及美国、澳大利亚、阿根廷、智利、南非、新西兰、加拿大组成的新世界。

葡萄酒世界地图

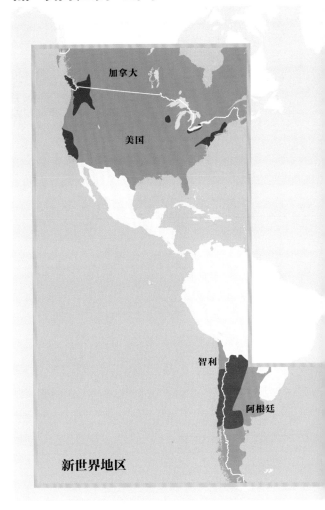

加拿大

美国

智利

阿根廷

新世界地区

非葡萄品种的因素

上面罗列出的这些明显差异并不是因为酿造中使用了不同的葡萄品种，相反的，优质的葡萄酒往往都是采用原产于欧洲的品种。取而代之的是另外两个因素的变化才决定了葡萄酒最终风味上的不同：葡萄园的自然环境和酿造者的理念。

当地的地理位置和气候环境

对于同样的葡萄品种，老世界的产区相比起新世界往往气候更加多云和凉爽。因此，欧洲的葡萄通常整体成熟度不高且成熟过程缓慢。而大部分新世界的产区，由于阳光充足，气候温暖干燥，轻易就能达到更高的葡萄成熟度。

当地的人文历史

受到悠久酿造传统的影响，老世界的葡萄酒通常具备优越的陈酿能力，适合搭配当地饮食。

新世界的葡萄酒则更具创新理念并且依赖科技工艺。它们常常根据不同的目的进行酿造，比如为了第一印象就能取悦于国际化的口味或者刻意令葡萄酒评论家惊艳。

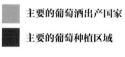

主要的葡萄酒出产国家

主要的葡萄种植区域

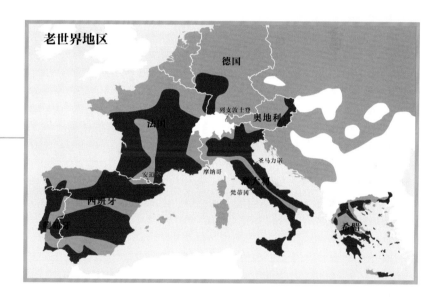

老世界地区

德国
列支敦士登
奥地利
法国
圣马力诺
安道尔
摩纳哥
意大利
西班牙
梵蒂冈
葡萄牙
希腊

博茨瓦纳　莫桑比克
纳米比亚　斯威士兰
南非　莱索托
澳大利亚
新西兰

欧洲葡萄酒历史

　　众所周知，葡萄酒从欧洲发展而来，现如今世界各地种植的酿酒葡萄品种也都源自欧洲。如果先了解了欧洲的历史背景，那么今天欧洲葡萄酒许多令人疑惑的方面也就更容易理解。

葡萄酒改良的脉络

　　地中海的南部地区，如意大利和西班牙，有悠久的葡萄酒酿造历史，本土品种种植广阔，大部分酒的酿造仍然以量产为主。然而，欧洲品质最好的葡萄酒，历史上往往来自北部更凉爽的地区，比如法国和德国，以特定品种酿造出稀少而优质的葡萄酒。该模式受中世纪环境和社会经济因素的共同影响。葡萄园的种植环境越严酷，葡萄的质量越能得到提高，寒凉的气候或者碎石斜坡都会减少每株葡萄藤平均的结果数量。

　　中世纪时期，在葡萄园中投入更多的时间、更多的工作以提高葡萄酒的质量对于大部分的农民来说并没有价值，但对于法国权力强大的教会系统，追求酒的品质则更有意义。

早期酿造工艺

　　欧洲酿造葡萄酒的传统早在工业革命和科技革命之前就已经建立起来。按照今天的标准来看，那时的种植都是有机种植，酿造经验建立在一代代人反复尝试和失败的经验之上，并不需要去理解关于发酵的复杂化学反应。在葡萄酒降温和冷稳定技术发明之前，它们需要尽可能被酿造成干型、能够陈酿保存的状态。那时候，因为葡萄酒很少会与食物分开而单独饮用，所以酒农们自然迎合当地美食的风格去酿酒，即使它们第一口喝起来有些又酸又苦。

葡萄种植时间线：

公元前 8000 年

　　葡萄最早被用于酿酒是在高加索地区，也就是如今的格鲁吉亚。从石器时代起，可实际操作的酿造方法从黑海沿岸传入地中海流域，在古代文明时期，从腓尼基人到希腊人，酿造技术在沿岸区域传播开来，并且往往是橄榄树可以存活的地方。靠着温和的冬季和阳光充足、干燥的夏季，葡萄成为当地最容易种植并高产的农作物，葡萄酒很快就和橄榄油一起成为地中海区域的主要饮食。

公元前 100 年到公元后 200 年

　　当罗马人公元前1世纪中期向北扩张时，葡萄也第一次在更为寒凉的地区被种植。取而代之橄榄树的是大片的橡木森林，葡萄的种植变得更有挑战性：短暂的温暖夏季，令果实不能轻易得到成熟，只有经过甄选的特定品种才能适应寒凉的环境，并且在向阳的坡面才能酿出最好的葡萄酒。凉爽的北方地区葡萄藤的株产量往往小于温暖的南方地区，但是随着时间的推移，前者的葡萄酒被时间证明更有集中度，且生命力更强。

欧洲葡萄酒地图

○科隆

★ 莱茵河和摩泽尔河

巴黎○　★ 香槟

○南特

勃艮第 ★

○里昂　○米兰

波尔多 ★

○马德里

○罗马

里斯本

○塞维利亚

产量 vs 质量的历史

上溯到古罗马时期，葡萄酒仅仅产于南欧。在那里，葡萄容易种植并且多产。来自较冷产区的优质葡萄酒随后才慢慢显现出来，在靠近葡萄种植的北部极限地区，那些存活下来的健壮植株以低产的果实酿造出更优质的酒。

 罗马时期之前的葡萄种植区域

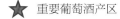 葡萄种植的极限范围

★ 重要葡萄酒产区

5 ~ 11 世纪

　　大部分葡萄酒酿造者在更有风险的气候条件下，一边不得不冒险更加努力地工作，一边却获得更少的产量。中世纪欧洲在基督教盛行以前，除了极少部分统治阶级的领地之外，质量重于产量的理念几乎从没有被当回事儿。中世纪时期一部分最有影响力的僧侣团体开始在法国勃艮第地区落户扎根。这些苦行僧帮助葡萄酒从一种粗糙的日常饮料，转变成一种高雅的奢侈品。

12 ~ 15 世纪

　　现代葡萄酒种植和酿造技术绝大部分源自中世纪勃艮第公国的西多会和本笃会修道院。他们的经验能够世代相传也是因为他们忠实地记录下每次的成功与失败。这些有影响力的团体在扩张的同时也带去他们更看重质量而不是产量的酿造理念。这些理念也更适用于葡萄需要努力存活的产区而不是地中海式、易于丰产的地区。中世纪末期，勃艮第、波尔多等地区因为其杰出的好酒而变得富有名望。

法国和优质葡萄酒的圣像

　　法国也许不算是第一个酿造葡萄酒的国家，但在追求葡萄酒的质量控制体系上法国最先树立了严谨的标准。近几个世纪以来，除了德国的白葡萄酒之外，法国在优质葡萄酒方面领先的优势在19世纪之前几乎都罕逢对手。这样的结果就是，超过五个世纪以来，无论是哪个国家，无论是谁、在哪里，如果想要提高自己葡萄酒的质量自然得向法国看齐。

全球标杆的树立者

　　欧洲之外，绝大部分优质葡萄酒都是采用原产于法国当地的葡萄品种，依照法国著名葡萄酒的印象进行酿造，比如勃艮第风格的白葡萄酒，波尔多风格的红葡萄酒，以及香槟风格的起泡酒。即使是在有着丰富的本地葡萄品种的那些国家，比如意大利、西班牙、葡萄牙和希腊，最好的葡萄酒往往还是采用法国的酿造工艺，有相当一部分在法国橡木桶里陈酿，其中有些甚至加入法国的葡萄品种来"提升"品质，比如赤霞珠，与托斯卡纳产区的桑娇维塞或是卡斯蒂利亚产区的丹魄这些当地品种为基底进行混酿。当欧洲开始全面制定推广葡萄酒酿造标准的时候，原产于法国的这套标准系统被普遍接受：原产地命名控制，葡萄种植品种，产量控制，以及严格的葡萄酒质量分级标准。

　　在法国众多的产区里有六大产区对世界葡萄酒影响更为深远，其中波尔多、勃艮第、香槟这三个产区对优质葡萄酒的贡献显得尤为突出，作为世界上大多数优质葡萄酒模仿的范本，它们更值得我们进行深入的了解。所有的霞多丽干白和黑皮诺干红几乎都有勃艮第的影子，赤霞珠和梅洛则以波尔多为范本，而说到起泡酒，或多或少都在向香槟致敬。

　　其他的三个产区：罗讷河谷、卢瓦尔河谷和阿尔萨斯，在葡萄酒消费者眼里或许没那么有名，但它们同样是西拉、长相思和灰皮诺酿造者憧憬的对象。

法国六大产区及其代表性风格

　　世界各地最优质的葡萄酒中有很大一部分都受到法国葡萄酒的启发，而后者的名单其实非常简短，其产区名称和葡萄品种如下。

勃艮第：霞多丽、黑皮诺

波尔多：赤霞珠、梅洛、马贝克、长相思

香槟：霞多丽/黑皮诺起泡混酿

罗讷河谷：西拉、维欧尼、歌海娜混酿

阿尔萨斯：灰皮诺、雷司令、白皮诺

卢瓦尔河谷：长相思、白诗南、品丽珠

法国六大产区：

　　虽然法国的其他地区也出产葡萄酒，但是以下这六大产区在世界葡萄酒市场中占极其重要的地位：勃艮第、波尔多、香槟、罗讷河谷、卢瓦尔河谷和阿尔萨斯。

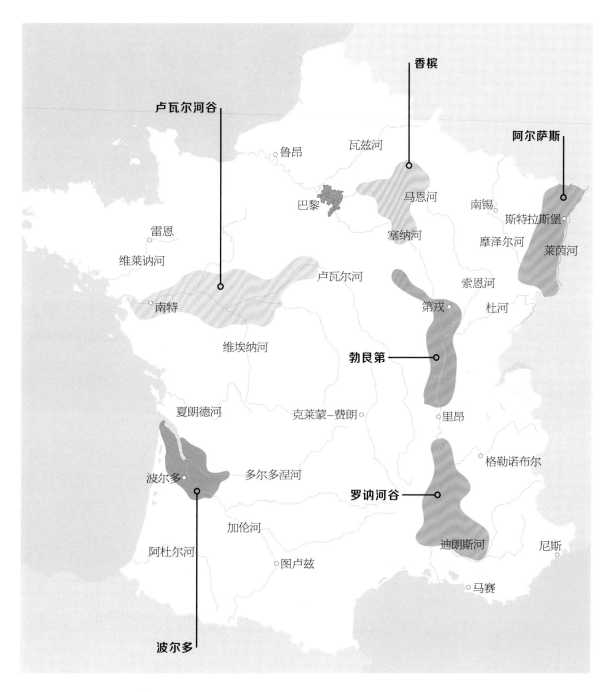

殖民地的葡萄酒酿造史

　　葡萄酒的酿造是随着欧洲殖民主义的传播进入美国和南半球的，长久以来，人们对于这些新兴产区抱有偏见，尤其是提及优质葡萄酒的时候。直到19世纪六、七十年代，终于有一些新世界的葡萄酒可以在品质上与老世界相抗衡了，同时也因此引发了全球葡萄酒市场对于葡萄酒酿造和销售的爆炸性革命。

喜新，厌旧

通常来说，来自新世界产区的葡萄酒所代表的"现代"风格可以轻松地与"传统"的欧洲葡萄酒区分开来。

传统与创新

　　早期的新世界葡萄酒农，由于当地没有酿酒的传统，自然而然地会效仿欧洲的做法，在新土地上进行探索。然而当地的情况与欧洲相比有本质性的不同——从气候、技术，以及对应的产品市场，新世界葡萄酒品尝起来也完全不同。老世界的传统葡萄酒通常酒体中等偏向轻盈，苗条且有泥土的气息。新世界的葡萄酒则趋向丰满偏重的酒体，成熟且果味浓郁。这样的反差是因为大部分新世界的酒都产自温暖的地区适合即时享用，而来自凉爽的老世界产区的葡萄酒通常适合搭配食物和长期存放。

葡萄种植时间线

16 ~ 18 世纪

　　16世纪早期，大部分的殖民地开始从欧洲引进适应能力强的高产葡萄品种。在部分地区，初期的种植实验并没有成功，比如在北美洲，欧洲酿酒葡萄品种不能抵抗当地害虫的侵害。在相当长的一段时间里，因为葡萄树不能苗壮成长，所以葡萄酒停留在比较原始的水平。但是，越来越多有志向的酒农身体力行，从波尔多、勃艮第等产区引进更优秀的葡萄品种来提高当地的葡萄酒质量。因此，一些早期成功的尝试很快就被发掘出来，比如南非康斯坦夏产区的甜葡萄酒。

19 ~ 20 世纪中期

　　大部分新世界的葡萄都种植在温暖、阳光充足的地区，比如加利福尼亚州和澳大利亚南部，在这些地区成熟过度和干旱的风险远远大于成熟不足和多雨的可能性。酿造者们因地制宜，不依赖当地的自然条件，转而用科学和技术作为指导。大部分葡萄酒是简单适合日常饮用的风格，紧俏的市场需求促进了效率和产量的提高。灌溉、机械化以及化肥施用领域的创新渐渐涌现并且受到普遍欢迎。然而，那些尊重质量的庄园酿造的优质葡萄酒同样也在这一时期获得了跳跃式发展。

新世界的探索

　　欧洲用于酿酒的欧亚种葡萄在其殖民统治地区种植广泛。然而，欧洲葡萄并不总能立刻在新土地上顺利生长繁殖，因此近几个世纪以来，大部分新产区在优质葡萄酒方面乏善可陈。

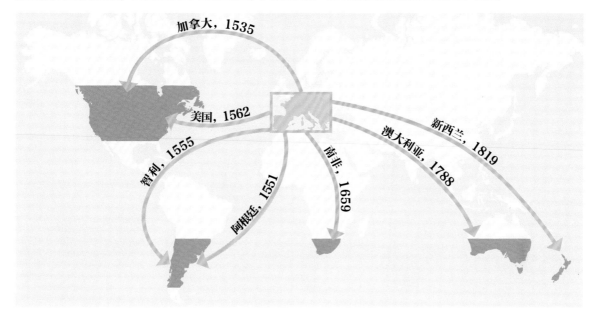

加拿大，1535
美国，1562
智利，1555
阿根廷，1551
南非，1659
澳大利亚，1788
新西兰，1819

20 世纪末期

　　新世界的葡萄酒在二战之后迅速崛起，八十年代开始，最好的酒已经可以和法国的经典葡萄酒在品质上一较高低。然而，它们并没有模仿欧洲葡萄酒的味道，拥有属于自己的果香浓郁的风味特征以及得益于更高成熟度的厚重酒体。这样的结果即来自地理上的差异，当然也因为欧洲传统酿造工艺与殖民地现代化工艺之间的差别。此外，因为缺乏传统的口碑，新世界葡萄酒需要在第一印象上脱颖而出，而不是去更好地配合食物。

21 世纪早期

　　当今竞争激烈的全球葡萄酒市场仍然持续影响着葡萄酒口味的变化。新世界与老世界葡萄酒之间曾经旗帜鲜明的风格差异随着时间变得越来越模糊。欧洲的酿造者开始逐步生产更加成熟和适合即刻饮用的葡萄酒来应对新世界的后起之秀。美洲和南半球的生产者则加紧步伐酿造更加清爽和配合食物饮用的葡萄酒。然而归根结底，你仍然可以想象得到新世界葡萄酒更重视第一印象的风格和老世界葡萄酒更偏向餐酒搭配的体验。

品鉴：

分辨老世界与新世界的风格

在家里比较欧洲和全球葡萄酒

将以下这些葡萄酒并列在一起品尝，试着去感受地理与人文的结合是如何把同一种葡萄孕育出不同味道的葡萄酒。

区分的关键点

新世界葡萄酒具有更加现代风格的趋势：成熟且果香浓郁，力求深刻的第一印象。老世界欧洲葡萄酒则趋于传统：更加苗条和干型，适合与食物搭配在一起饮用。

老世界白葡萄酒　　　　　新世界白葡萄酒　　　　　老世界红葡萄酒

比如：
法国卢瓦尔河谷的长相思，例如桑塞尔，普依芙美，都兰，坎西；或者用未过桶的波尔多白葡萄酒代替。

你能否察觉到……?
非常低的甜感/非常干；非常高的酸度；中低浓度的果味；无橡木香气；酒精含量低/酒体轻；可察觉到的"土腥"味，就像潮湿的树叶和石头的味道。

法式风格
长相思在法国北部勉强能够达到成熟，所以这里的酒比较涩，有定向的配餐。

比如：
新西兰长相思；也可以用智利或者美国的长相思代替。

你能否察觉到……?
甜感低/干型；高酸度；中高浓度果味；无橡木香气；酒精含量中等/酒体中等偏重；浓郁"水果"味，就像新鲜的热带水果。

新西兰风格
尽管新西兰也酿造凉爽气候下未过桶的长相思，但更多的是成熟且尽早单独享用的现代风格。

比如：
来自意大利南部普利亚地区的普里米蒂沃（又称金粉黛）；或者用法国勃艮第黑皮诺代替。

你能否察觉到……?
非常低的甜感/非常干；非常高的酸度；中等浓度的果味；轻微的橡木香气；酒精含量中等/酒体中等偏重；可察觉到的"土腥"味，就像干燥的树叶和植物根茎的味道。

意大利南部风格
意大利南部酒农更喜欢用海鲜搭配他们的葡萄酒，所以尽早地采收葡萄以保留活跃的酸度。

苗条 VS 丰满

下面这两类酒采用同样的葡萄品种和方法酿造。但是分开来细说，欧洲的酒品尝起来更具"传统"的风格：轻盈苗条，甜感低，酸度高，果味较少且带有更多土地的味道。新世界的葡萄酒则更加成熟，酒体更重，略微带有甜感，酸度较低。虽然是干性，但闻起来仿佛有着饭后甜点的气息，亦能察觉到更明显橡木的香气。

新世界红葡萄酒

比如：
来自任意加利福尼亚产区的金粉黛红葡萄酒（又名：普里米蒂沃）；或者用加利福尼亚黑皮诺代替。

你能否察觉到……？
微微的甜感/干型；酸度适中；果味浓郁；强烈的橡木香气；酒精含量高/酒体重；非常成熟的"水果"味，就像果酱和李子干。

美国风格
同样的品种在美国受到不同对待的葡萄，诸如加利福尼亚州产区的金粉黛，那里的葡萄酒侧重第一印象，通常和红肉与甜酱汁搭配。

章节回顾

以下是这一章节你应该学习的重点。

✓ 即使是使用同样的**葡萄品种和酿造方法**，老世界和新世界葡萄酒的味道仍然是常常不同的。

✓ 在欧洲（老世界），葡萄通常种植在**凉爽的地区**，所以葡萄的成熟过程缓慢并且**综合成熟度**不高。

✓ 新世界产区通常是**温暖、干燥**并且**阳光充足**。因此葡萄更容易成熟并且成熟度较高。

✓ 老世界酿造的葡萄酒往往具备优越的**陈酿能力**并且适合**搭配当地饮食**。

✓ 具有**创新精神**并依赖**科技工艺**的新世界葡萄酒，通常具有取悦**国际化口味**或者令**葡萄酒评论家初尝惊艳**的风格。

✓ 地中海南部地区有非常悠久的**酿造历史**，有极为丰富的**当地葡萄品种**并酿造了大量的葡萄酒。

✓ 法国最先建立了严谨的葡萄酒**质量控制体系**，并且超过五个世纪以来，为任何地方、任何人提供了**提高自己葡萄酒质量**的范本。

✓ 法国六大相对**更具有深远影响力的产区**：勃艮第、波尔多、香槟、罗讷河谷、卢瓦尔河谷和阿尔萨斯。

✓ 葡萄酒酿造技术是在**欧洲殖民统治时期**传入美洲和南半球国家的。这些地区相对来说是葡萄酒世界里的**新面孔**，尤其是在优质葡萄酒领域。

探索葡萄品种和产区

当我们已经熟悉了葡萄酒的大致轮廓后，是时候去了解更加深入的细节，那些葡萄酒世界里最主要的角色。酿造用的葡萄品种和葡萄酒的产区是决定葡萄酒风味的最重要的因素。之前我们已经了解了葡萄酒的风味随着成熟度和地理环境变化，接下来对葡萄品种和产区的学习，将有助于我们更加深入地了解葡萄酒。

葡萄酒消费者常常面对十几个葡萄品种和上百种葡萄酒产区。不过除了真正的从业人士，普通消费者没有必要去学习所有品种和产区。但在这其中，有份常见葡萄品种的简短名单需要我们牢牢记住，因为它们如此地普及和影响广泛。哪怕只是泛泛地了解，每一个葡萄酒爱好者都应该去掌握这些主要的品种和它们在全世界主要的产区。再接下来，在全世界，只有一些拥有良好条件的特别地区才能产出最优质的葡萄酒。如此，你就已经是一位葡萄酒专业人士，将会希望探索所有这些品种和产区。

掌握葡萄品种和
产区是品鉴最有
力的助手

必须了解的葡萄品种

十大常用酿酒葡萄品种

在上千种葡萄品种中，大部分现代葡萄酒仅仅用到了其中的几十种。在这之中，霞多丽和雷司令，赤霞珠和黑皮诺因为它们优秀的品质和广泛的普及在葡萄酒消费者中获得了盛誉。众所周知，法国是优质葡萄酒的翘楚，所以大部分"明星"葡萄品种都是源自法国，如今它们已经遍布全球，深入各地且种植面积广阔。由于很多现代葡萄酒都以葡萄品种作为标签，因此了解十大全球常见品种将会很有帮助。

葡萄品种

　　世界各地生长着形形色色的葡萄科植物，然而酿造所用的那一类别称作欧亚种葡萄（*Vitis Vinifera*），我们在葡萄酒包装上看到的那些葡萄名字——比如霞多丽和西拉，都是属于酿酒葡萄这一类别的葡萄品种。葡萄品种的概念类似狗的血统：虽然所有品种属于同一大类，但是各有各的特点。在葡萄品类中，有的品种适合新鲜食用，有的适合酿酒，有的针对红葡萄酒，有的擅长酿造白葡萄酒，有的可以在严寒地区存活，有的能抵抗酷暑和干旱。

高产的葡萄品种

　　在上千种葡萄里，只有数十种具有用来酿酒的商用价值。而在这些之中，主要有十种是葡萄酒消费者常常能在包装上看到的。这并不是在地球上种植面积最广阔的十种，因为后者往往是最高产的品种，比如阿依仑（Airén）和神索（Cinsault），常被用来酿造散装葡萄酒或者白兰地。

　　这份名单同样也排除了一些在当地获得巨大成功但在其他地方不尽如人意的葡萄品种，比如堂普尼罗（Tempranillo）和白诗南（Chenin Blanc）。

十大葡萄品种

　　以下的十大品种，排名不分先后，都是在葡萄酒世界里大名鼎鼎的葡萄品种。这些品种我们常常都可以在包装上见到，因为它们种植广泛，突破了地域的局限，遍及世界的各个角落。

白葡萄品种

- 霞多丽
- 长相思
- 雷司令
- 灰皮诺
- 麝香

红葡萄品种

- 赤霞珠
- 梅洛
- 黑皮诺
- 西拉
- 歌海娜

海外声名显赫

为什么欧洲的葡萄品种在新世界反而比在欧洲当地更加有名？这是因为传统的欧洲葡萄酒是用产地命名，采用的葡萄品种并不总是标注在酒标上。在美洲和南半球产区，规定必须在酒标上标注葡萄品种。桑娇维塞或许是意大利第一大葡萄品种，但它的名字却远没有以它酿造的葡萄酒名字那么有名，比如奇安蒂（Chianti）或者布鲁内罗–蒙塔奇诺(Brunello di Montalcino)。与此同时，马贝克则是一个家喻户晓的名字，因为在它种植最广泛的产区阿根廷，酿造者们都把马尔贝克写在酒标上。

为什么选择葡萄？

所有的水果都可以用来酿酒，之所以选中葡萄，是因为它具有甜度最高的果汁。成熟的葡萄含有至少20％可以用来发酵的糖和70％以上的水分，对于酿造酒精饮料是最理想的条件。

梗

葡萄梗通常都会被去除丢弃，但也有少数风格的红葡萄酒会将其保留用于发酵。

皮

葡萄皮是色素和单宁的来源，在酿造红葡萄酒中必不可少。大部分风味物质同样存在于葡萄皮或其之下的果肉里。

籽

酿造者会尽量小心地不压碎葡萄籽，因为它会给葡萄酒带来苦味。

多汁果肉

果肉含有葡萄酿造最需要的三个成分：用于发酵的糖，清爽的酸度和大量的水分。

果实

红葡萄酒和桃红葡萄酒利用了葡萄果实的每一个部分，白葡萄酒只取果汁的部分，固态物质都被去除了。

霞多丽

没有哪种葡萄品种能像霞多丽一样如此广受欢迎，因为它能够酿造出丰满强壮而又不失细腻的白葡萄酒。霞多丽通常被酿造成干型的风格，只有在廉价葡萄酒市场才能寻找到一些甜味的影子。由于这个品种能适应各种气候环境，所以每个出产葡萄酒的国家多少都会种植一些霞多丽。

白葡萄品种

苹果类风味品类

风味特征

山楂　　　　　绿苹果　　　　　　　　　　菠萝　　　　　苹果派

低成熟度／凉爽气候　　　　　　　　　　高成熟度／温暖气候

橡木桶的参与

霞多丽本身的风味相当平淡，所以酿造者常常将其放在新橡木桶中发酵来增强风味。葡萄果实必须达到全面的成熟才能被放进橡木桶中赋予更好的风味，因此在来自炎热产区的一些重酒体的葡萄酒里，橡木味道会非常强烈。新世界的霞多丽往往带有橡木香气，比如，很多消费者认为那些类似白兰地的温暖香气是来自于葡萄品种，其实并不是这样。没有经过橡木桶发酵（未过桶，非桶陈酿）的霞多丽，可以有如灰皮诺那样清爽淡雅的味道。

霞多丽的风味特征

即使是不同的风格来自不同的产区，用霞多丽酿造的葡萄酒通常依然符合下表中被特别标注的分类标准。

	低	中	高
颜色	白	N/A	N/A
颜色深度	浅	中等	深
甜度	干	略有甜感	N/A
酸度	平和	中等	高酸
果味浓度	柔和	馥郁	N/A
橡木风味	无	柔和	强烈
酒体	轻	中等	重

像红葡萄酒的白葡萄酒

红葡萄酒通常比白葡萄酒酒体更重，橡木风味更强烈，但是霞多丽在这两项上却可以势均力敌。这并不仅仅是因为它们常用橡木桶发酵（这一点与其他大多数白葡萄酒不同），口感丰富也来自其他原因。相比其他白葡萄品种，霞多丽可以产生更多的糖同时不失清爽的酸度，因而能在酿酒过程中转化成更多的酒精。

从何而来？

　　霞多丽源自法国勃艮第产区,在那里,葡萄栽培技术在中世纪的时候有了长足的发展。即使在今天,勃艮第产区的所有白葡萄酒都是100%霞多丽酿造。有品位的、高雅的勃艮第白葡萄酒一直是霞多丽的经典风格,成为全球葡萄酒酿造者效仿的对象。温暖的新世界产区,比如加利福尼亚州和澳大利亚,霞多丽成熟度高,酿造出酒体重、风味浓郁、口感华丽的白葡萄酒。他们普遍采用葡萄品种的名字作为酒的标签。凉爽的产区,比如新西兰和加拿大,酿造出轻盈、通透的白葡萄酒,更像勃艮第风格。

巴黎 ○

勃艮第 ——— ○

法国

勃艮第

其他著名的霞多丽产区

① 美国　　　　　加利福尼亚州:索诺玛,圣塔芭芭拉,蒙特雷;其他地区:华盛顿州,俄勒冈州,纽约州。

② 澳大利亚　　　南澳大利亚州:阿德莱德,帕德萨韦;其他地区:维多利亚州,新南威尔士州,西澳大利亚州。

③ 智利　　　　　卡萨布兰卡谷,迈坡谷,阿空加瓜。

④ 南非　　　　　海岸产区,斯坦陵布什,开普南海岸产区。

⑤ 新西兰　　　　霍克斯湾,吉斯伯恩,马尔堡。

⑥ 加拿大　　　　尼亚加拉半岛,欧肯那根谷。

☆ 典型产区：勃艮第白葡萄酒

寒冷地区典型的未经橡木桶发酵平价产区:勃艮第白,马贡村庄,夏布利,圣维安,维尔–克莱塞。

温暖地区典型的橡木桶发酵优质产区:莫尔索,普利尼–蒙哈榭,普伊–富赛,夏瑟尼–蒙哈榭。

霞多丽同时也是邻近的香槟产区三大葡萄品种之一:白中白即是用百分百霞多丽酿造的。

葡萄酒的骄子

葡萄酒酿造者喜爱霞多丽这个品种有许多原因。葡萄藤可以适应各种类型的气候环境,金黄色的果实可以酿造出风格多变的葡萄酒,并且霞多丽这个名字已经获得了全世界消费者的认可。

长相思

用长相思酿造的葡萄酒相比起其他白葡萄酒更容易辨认，得益于其锋锐的酸度和特殊的刺鼻香气，闻起来像是典型的绿色食材，比如药草、蔬菜或是绿色的水果——介于酸橙和蜜瓜之间。长相思葡萄酒如此受大众欢迎，多半是因为它有着很好的性价比。

白葡萄酒品种

草本植物风味品类

香气特征

山楂　　　　葡萄柚　　　　　　　西番莲果　　　猕猴桃

低成熟度/凉爽气候　　　　　　　高成熟度/温暖气候

两种风格

大多数长相思葡萄酒都是干型和中等酒体，但这只是其两种迥异风格之一。凉爽气候的卢瓦尔河风格是最为常见的，在新西兰也广受欢迎：柑橘香气充满活力，未经橡木桶发酵的新西兰长相思带着令人垂涎的酸度。在能达到更高成熟度的产区，例如加利福尼亚州，往往是模仿波尔多白葡萄酒的风格酿造优质的葡萄酒。使用橡木桶以及加入赛美蓉混酿，可以平衡长相思品种的"野性"，使其变得更加丰满圆润，减少"青涩"的香气，以及侵略性的酸度。

长相思的风格特征

即使是不同的风格来自不同的产区，用长相思酿造的葡萄酒通常依然符合下表中被特别标注的分类标准。

	低成熟度	中成熟度	高成熟度
颜色	白	N/A	N/A
颜色深度	浅	N/A	N/A
甜度	干	N/A	N/A
酸度	N/A	中等	高酸
果味浓度	N/A	可口	馥郁
橡木风味	无	柔和	N/A
酒体	轻	中等	N/A

野性的品种

长相思的名字（sauvignon）或许是来自法文单词野性（sauvage：野性，未开化），这可能是因为它与野生葡萄相似，尤其是它香气上的野性不羁。另一种说法是，长相思的名字来源于它的近亲，众所周知的红葡萄品种赤霞珠(Cabernet Sauvignon)。

从何而来?

长相思是法国波尔多靠近大西洋海岸一侧的当地品种,它是波尔多和格拉芙干白的主要葡萄品种。近几个世纪,长相思同样也向上扩张到了卢瓦尔河谷的北部深处地区,酿造出酸度充沛的白葡萄酒,著名的产区例如桑塞尔和普伊–富美,那里出产的长相思是国际市场的风向标。长相思在全世界大部分葡萄酒产区都有或多或少的种植,尤其是新西兰和美国,被热情地接受。

☆ 典型产区:法国波尔多和卢瓦尔河谷白葡萄酒

波尔多:长相思与赛美蓉的混酿
未经橡木桶,迅速装瓶的廉价产区:波尔多大区,两海之间产区

经过橡木桶发酵和陈酿的优质产区:格拉芙,贝萨克–雷奥良

卢瓦尔河谷:100% 长相思
所有产区基本都是未经橡木桶且迅速装瓶:桑塞尔,普伊–富美,都兰

波尔多和卢瓦尔河谷

其他著名的长相思产区

① 新西兰　　　　南部岛区:马尔堡,坎特伯雷;北部岛区:霍克斯湾,吉斯伯恩

② 美国　　　　　加利福尼亚州:索诺玛,纳帕谷,中央海岸华盛顿州:哥伦比亚谷

③ 南非　　　　　海岸产区,开普南海岸产区

④ 智利　　　　　卡萨布兰卡谷,迈坡谷

⑤ 意大利　　　　特伦托,上阿迪杰,弗留利

多产和可口

长相思是一种异常茁壮的葡萄品种,高产同时又不会损失过多的风味浓度。但是当过多的养分用于枝叶的生长时,长相思的香气就会向植物类倾斜。

雷司令

如果说雷司令是超级有力量的品种，那多半是因为它能够酿造出风味可口同时酒精含量又低到怪异的葡萄酒。酒农们常常也会酿造出口感愉悦的甜葡萄酒，因为相比其他品种，雷司令不是那么需要把果实里糖分转化成酒精。这类酒让雷司令声名鹊起，因为其他品种做不出如此好的酒。

白葡萄酒品种

苹果类风味品类

香气特征

柠檬　　青苹果　　　　　　　　　　桃子　　　　杏子

低成熟度/ 凉爽气候　　　　　　　　　　高成熟度/温暖气候

到底有多甜？

最常见和最受欢迎的雷司令风格灵感来自于德国摩泽尔和莱茵高地区清爽的甜酒——类似青苹果那样酸甜平衡的葡萄酒。事实上，雷司令葡萄酒囊括各种甜度——从极干到糖果般的饭后甜酒都可以在德国或者世界其他产区找到。干型雷司令的演绎范本是法国阿尔萨斯风格，那里出产酒体丰满并且残糖很低的优雅雷司令葡萄酒。

雷司令的风格特征

即使是不同的风格来自不同的产区，用雷司令酿造的葡萄酒通常依然符合下表中被特别标注的分类标准。

	低成熟度	中成熟度	高成熟度
颜色	白	N/A	N/A
颜色深度	浅	中等	N/A
甜度	干	微甜	甜
酸度	N/A	中等	高酸
果味浓度	清淡	可口	N/A
橡木风味	无	轻微	N/A
酒体	轻	中等	重

为陈酿而酿

用雷司令酿造的葡萄酒拥有极为出色的陈酿潜力，能够在酒窖里陈放数十年而变得更加美好，生命力超过大部分白葡萄酒。人们往往认为轻瘦的白葡萄酒应该在年轻时饮用，但是雷司令拥有极强的抗氧化能力，这多亏了它的高酸度。

从何而来？

　　雷司令是德国西南莱茵河谷的本地品种，产区包括位于法兰克福市和特里尔市之间的众多支流，那里出产的美味葡萄酒常常带有微妙的自然葡萄甜味。在毗邻的法国境内，雷司令在阿尔萨斯地区同样有着悠久的历史，通常是酿造成干型有力度的葡萄酒。雷司令同样也是全球寒冷产区的最佳葡萄酒。北美和新西兰的酒农偏爱德国的甜型风格，而奥地利和澳大利亚的酒农则追随法国的干型风格。

莱茵河谷和阿尔萨斯

☆ 典型产区：德国雷司令和法国阿尔萨斯雷司令

德国：100% 雷司令
传统上轻酒体，酸度清爽，微弱甜感——通常酒精度低于11%——最佳产区摩泽尔，莱茵高，普法尔茨，莱茵黑森

法国：100% 雷司令
传统上中等酒体，酸度清爽，干型，通常酒精度高于12.5%，阿尔萨斯产区为主

其他著名的雷司令产区：

① 美国　　　　华盛顿州：哥伦比亚谷；纽约州：手指湖；其他地区：加利福尼亚州，俄勒冈州

② 奥地利　　　下奥地利，维也纳，布尔根兰

③ 澳大利亚　　南澳大利亚地区：克莱尔谷，伊顿谷；其他地区：维克多利亚，西澳大利亚，塔斯马尼亚

④ 加拿大　　　尼亚加拉半岛，欧肯那根谷

⑤ 新西兰　　　南部岛区：马尔堡，奥塔哥，纳尔逊

小而精

雷司令的果实非常小，进而增加了葡萄酒的风味浓度，因为靠近果皮的果肉含有最多的芳香物质。相比其他优质酿酒葡萄品种，雷司令极为早熟并且产量健康稳定。

灰皮诺

灰皮诺可以说是一个古老的品种。作为一个酿造白葡萄酒的红葡萄品种，不仅仅只是有两个不同的名字，其酿造出的酒也有迥异的风格。法国的灰皮诺(Pinot Gris)酿造出的葡萄酒酒体丰满并且富含风味；而意大利北部出产的灰皮诺(Pinot Grigio)葡萄酒酒体轻，风格更加柔和，是世界上最受欢迎的葡萄酒之一。

白葡萄酒品种

苹果类风味品类

香气特征

青梨　　　　红苹果　　　　　　　　桃子　　　　哈密瓜

低成熟度/ 凉爽气候　　　　　　　　高成熟度/温暖气候

浅色的皮诺

这个品种与勃艮第的红色黑皮诺（Pinot Noir）有亲缘关系。它看起来像是一种果皮颜色淡化的变种，略带桃红色而非深紫色－因而称其为灰皮诺（Pinot Gris）：浅色的皮诺。如今，更常见到它的意大利名字：Pinot Grigio（灰皮诺）。

在新世界，标注的名字往往反映出酒的风格。采用灰皮诺意大利风格和名字的酒农们会提早采收以保留清爽的风味。而那些采用其法国风格和名字的酒农则会等待更高的成熟度，以便酿造出饱满有力、香气馥郁的灰皮诺葡萄酒。

灰皮诺的风格特征

即使是不同的风格来自不同的产区，用灰皮诺酿造的葡萄酒通常依然符合下表中被特别标注的分类标准。

	低成熟度	中成熟度	高成熟度
颜色	白	粉红	N/A
颜色深度	浅	中等	深
甜度	干	微甜	N/A
酸度	柔和	中等	高酸
果味浓度	清淡	可口	N/A
橡木风味	无	N/A	N/A
酒体	轻	中等	重

黄铜色的桃红

灰皮诺从理论上来说是红色的，但是它缺乏酿造红葡萄酒所必须的色泽饱和度，因而通常都是用来生产白葡萄酒。不过，如果采用完全的浸皮发酵，也能酿造出泛着黄铜色的桃红葡萄酒。

从何而来？

灰皮诺本是源自法国勃艮第，之后向东迁徙到阿尔萨斯地区适宜地定居下来，酿造出浓郁丰满的葡萄酒。再然后，它们从阿尔萨斯横穿德国，到达多洛米蒂也就是如今的意大利北部地区。那里山谷的酿造者们普遍早早采收灰皮诺，相比起阳光充足的阿尔萨斯，那里的灰皮诺成熟度较低，因而酿造出的葡萄酒酒精含量相对较低，风味也更柔和。即使是当灰皮诺扩张到威尼斯附近的平原地区，这种早收的方式仍然被作为意大利灰皮诺的工艺标准保留了下来，因为其方便廉价生产和易于立刻饮用。

意大利北部
和阿尔萨斯

其他著名的灰皮诺产区

(1) 美国　　　加利福尼亚州：索诺玛，中央海岸，俄勒冈州，威廉姆特河谷

(2) 德国　　　法尔茨，巴登

(3) 加拿大　　尼亚加拉半岛，欧肯那根谷

(4) 奥地利　　施蒂利亚，布尔根兰州

(5) 新西兰　　霍克斯湾，吉斯伯恩，马尔堡

(6) 澳大利亚　南澳大利亚，维多利亚

☆ 典型产区：意大利灰皮诺 (Pinot Grigio) 和法国阿尔萨斯灰皮诺 (Pinot Gris)

意大利：100% 灰皮诺 (Pinot Grigio)
轻盈，柔和，酸度清爽的"低成熟度"风格，通常酒精度低于13%，最著名的产区：威尼斯，特伦蒂诺，弗留利。

法国：100%灰皮诺 (Pinot Gris)
浓郁，芬芳，丰满的"高成熟度"风格，通常酒精度高于13%，主要产区是阿尔萨斯。

褪色的品种

果实中的两种基因产生色素物质，结果就是产生紫色的果皮。灰皮诺就是黑皮诺的一种果皮色素基因呈阴性，所产生的奇特淡紫色变异品种。

麝香

用麝香葡萄酿造的葡萄酒有许多不同风格，但不管是清爽多汁的风格还是深色浓郁葡萄味的风格，入口基本都是甜的且闻起来有花香。这种香气特征来源于萜烯——这种芳香类化合物使得麝香葡萄酒比起其他葡萄酒闻起来更加芬芳（另外它和同样富含萜烯的琼瑶浆闻起来相似）。

酿酒白葡萄品种

花类风味品类

风味特征

青葡萄　　　　　荔枝　　　　　　　　　　　　　　玫瑰香水　　　　　杏干

低成熟度/凉爽气候　　　　　　　　　　　　高成熟度/温暖气候

从多汁到葡萄味的风格

麝香葡萄强烈的香气在干型酒里显得有些不平衡，所以它通常是用来酿造甜美风格的葡萄酒。最常见的麝香葡萄酒通常是以下两者之一，通过降温终止发酵，酿造酒精度低微起泡的慕斯卡黛阿斯蒂或者是通过加入蒸馏酒终止发酵，酿造酒精度高的利口酒，例如法国南部地区的麝香葡萄酒。然后，在一些阳光充足的地区——例如西班牙、葡萄牙和澳大利亚——葡萄在酿造开始前先晒干，用于生产出深褐、醇厚、黏稠的加强型餐后酒。

麝香的风格特征

即使是不同的风格来自不同的产区，用麝香酿造的葡萄酒通常依然符合下表中被特别标注的分类标准。

	低成熟度	中成熟度	高成熟度
颜色	白	粉红	红色
颜色深度	浅	中等	深
甜度	干	微甜	非常甜
酸度	柔和	中等	高酸
果味浓度	N/A	N/A	馥郁
橡木风味	无	N/A	N/A
酒体	轻	中等	重

麝香气味的名字

慕斯卡黛在法语中写作Muscat，西班牙语里是Moscatel，同时这个名字还可用于其他一些散发出类似植物香味的葡萄品种，比如麝香霞多丽（Chardonnay Musqué）。但是，相似发音的Muscadet（密斯卡岱），一种法国南部的白葡萄品种，容易与之混淆，其实两者没有任何关系，香气上也完全不一样。

从何而来？

　　潜在的麝香葡萄美酒最早可能是在古希腊发现的，它或许是用现今一些流行品种共同的一类祖先品种所酿造的。这是一个拥有超过100个子类品种的大品类，作为食用葡萄广泛种植在地中海流域。尽管大多数麝香葡萄品种都是白色的，但仍然有一些紫色的品种可以用来酿造红葡萄酒。这些香气馥郁品种酿造的葡萄酒大多数产于欧洲南部，不过在新世界也能见到它们的身影。

其他著名的麝香产区：

① 法国　　　　罗讷河谷，朗格多克－鲁西荣（甜型），阿尔萨斯（干型）

② 葡萄牙　　　塞图巴尔，杜罗河

③ 澳大利亚　　维多利亚：路斯格兰；其他地区：新南威尔士，南澳大利亚

④ 美国　　　　加利福尼亚州

⑤ 希腊　　　　萨摩斯岛，帕特雷，罗德岛

☆ 典型产区：意大利莫斯卡托和西班牙麝香葡萄

皮埃蒙特，意大利：100%白麝香
低酒精度，甜型，起泡，口感清爽，酒精度在10%以下，位于阿斯蒂地区。

安达卢西亚，西班牙：100%亚历山大麝香
高酒精度，甜型，强化酒，产自晒干的葡萄，酒精度超过15%，位于雪莉和马德拉地区。

绿色成为主流

麝香葡萄包含葡萄具有的全部三种颜色——绿色（白色）、紫色、粉色，但是绿色的品种也就是我们说的Moscato Bianco（白麝香）或者称为Muscat Blanc à Petits Grains（小粒白麝香）是其中最佳、最细腻的酿酒品种。

赤霞珠

赤霞珠是酿造红葡萄酒品种之王。比起它的竞争对手，赤霞珠明显的果粒小而果皮较厚，因此具有更多的紫色可溶固形物和较少的澄清果汁。在红葡萄酒里，果皮颜色更深的品种带来更多的色素、芳香物质和单宁，所以这些特征在赤霞珠葡萄酒中更加明显，特别是那些产量低的优质葡萄园里出产的葡萄酒。

酿酒红葡萄品种

黑色水果类风味品类

烟熏胡椒　　　黑色醋栗　　　风味特征　　　黑莓　　　白兰地樱桃

低成熟度/凉爽气候　　　　　　高成熟度/温暖气候

完美的混酿品种

因为富含天然防腐剂单宁，年轻时的赤霞珠葡萄酒可能有些难以入口，但是它天生的抗氧化能力使其成为值得陈酿的优质葡萄酒。用单一赤霞珠酿造的葡萄酒，因为浓郁的色泽、风味和单宁，往往口感艰涩生硬，但是与风味柔和的其他品种混酿以后，口感就变得饱满美好。当它在混酿比例中占主导地位的时候，赤霞珠往往通过加入梅洛、西拉这一类甜美品种而变得口感柔顺。当它所占比例较小的时候，赤霞珠可以给用梅洛、桑娇维塞或是马贝克这一些果皮较薄品种酿造的葡萄酒带来风味上的深度和陈酿的潜力。

赤霞珠的风格特征

即使是不同的风格、来自不同的产区，用赤霞珠酿造的葡萄酒通常依然符合下表中被特别标注的分类标准。

	低成熟度	中成熟度	高成熟度
颜色	N/A	N/A	红色
颜色深度	N/A	中等	深
甜度	干	N/A	N/A
酸度	N/A	中等	高酸
果味浓度	N/A	N/A	馥郁
橡木风味	无	中等	强烈
酒体	N/A	中等	重

神秘的混酿

一些顶级的以赤霞珠为主的葡萄酒均不在正标上标注品种名称。除了因为欧洲传统，诸如波尔多和意大利博格利的葡萄酒很少在前标上注明混酿品种以外，即使按照国际通行标准，如果单个品种在混酿中的比例没有超过75%以上，也不允许在前标上标注品种名称。

从何而来?

　　赤霞珠是波尔多本地的品种，在历史上就是这个法国最著名葡萄酒产区所出品的顶级混酿葡萄酒中的主要品种。赤霞珠浓郁的风味以及优雅的陈酿能力，使其在很多国家顶级佳酿里占有一席之地：在新世界，它出产美国、智利和南非最昂贵和最值得收藏的红葡萄酒，这些酒也通常采用波尔多式的混酿风格。

☆ 典型产区：法国波尔多红葡萄酒

色泽深，大部分混酿，强烈的橡木桶风味和高单宁

混酿葡萄中占主导地位，主要是在最温暖的优质产区：上梅多克，玛歌，波雅克，圣埃斯泰夫，圣朱利安，穆里斯。

混酿葡萄中起辅助作用，主要是寒凉气候的法定产区：波尔多大区，格拉夫大区，圣埃美隆大区。

其他著名的赤霞珠产区：

① 美国	加利福尼亚州：纳帕谷，索诺玛，帕索罗布尔斯；华盛顿州：哥伦比亚谷	
② 意大利	托斯卡纳，特伦蒂诺	
③ 智利	迈坡谷，拉佩尔谷，阿空加瓜	
④ 澳大利亚	南澳大利亚：库纳瓦拉	
⑤ 南非	海岸产区，斯坦陵布什，帕尔	

喜爱阳光的品种

赤霞珠植株的开花期在春末，比大多数波尔多的葡萄品种要来得晚，它的果实需要更长的时间才能达到完美的成熟度。赤霞珠个头小、果皮厚实的果粒需要充足的阳光促进生长，发挥出它在颜色和风味上的巨大潜力。

梅洛

如果波尔多的赤霞珠是肌肉发达的超级英雄，那么有着迷人名字的梅洛就是它温柔的帮手。梅洛酿造的葡萄酒没有赤霞珠色泽那么深沉、单宁强劲或风味浓郁。它们口感丰润柔顺，有着更多的果香，这些特点更吸引人们饮用梅洛酿造的年轻葡萄酒。

酿酒红葡萄品种

黑色水果风味品类

| 西红柿 | 乌梅 | 黑莓 | 樱桃派 |

低成熟度/凉爽气候　　　　　　　　　　高成熟度/温暖气候

流行的代价

梅洛是如此地受到大众欢迎，以至于常常大量种植用于酿造日常餐酒，这些价格低廉又讨喜的葡萄酒贬低了梅洛的名声。然而，在一流的葡萄园里采用严格的标准种植的梅洛，出产的葡萄酒有着难以置信的优雅和力量感。在波尔多地区，这个品种往往种植在边缘的产区；但是，一些采用100%梅洛酿造的传奇名酒，例如右岸名庄柏图斯酒庄，高昂的售价超过了以赤霞珠为主的众多竞争对手，同时也证明了梅洛是世界上最好的红葡萄品种之一。

梅洛的风格特征

即使是不同的风格来自不同的产区，用梅洛酿造的葡萄酒通常依然符合下表中被特别标注的分类标准。

	低成熟度	中成熟度	高成熟度
颜色	N/A	N/A	红色
颜色深度	N/A	中等	深
甜度	干	N/A	N/A
酸度	柔和	中等	高酸
果味浓度	N/A	甜美	馥郁
橡木风味	无	中等	强烈
酒体	N/A	中等	重

现在就喝吧

梅洛常常被笼罩在赤霞珠的阴影之下，因为用它酿造的葡萄酒更清淡柔顺，并且陈酿之后也不够优雅。但是在及时享乐才是重点的世界里，梅洛这看上去的弱点反而事实上成为了它的强项。

从何而来？

　　梅洛和赤霞珠都是源于波尔多地区，关系非常近，有着近似的香气特征，但是在力量、颜色和单宁感觉上又有所区别。在波尔多地区，梅洛是种植更为广泛的品种，因为它相对早熟很多，因此是更加经济保产的品种。另一方面，梅洛在美洲地区广泛流行，从南美洲的智利南部到北美洲的加利福尼亚州和华盛顿州北部，都出产美味易饮的红葡萄酒，并且瓶上标注了梅洛的名字。

☆**典型产区：法国波尔多红葡萄酒**

中等酒体，柔和单宁混合橡木桶风味的可口味道

混酿中占主导地位，主要在寒凉气候的法定产区：波尔多大区，格拉夫大区，圣埃米利永大区，波美侯村。

混酿中起辅助作用，主要在最温暖的优质产区：上梅多克，玛歌，波雅克，圣埃斯泰夫，圣朱利安，穆里斯。

其他著名的梅洛产区：

① 美国　　　　加利福尼亚州：纳帕谷，索诺玛；华盛顿州：哥伦比亚谷

② 智利　　　　迈坡谷，拉佩尔谷，阿空加瓜

③ 意大利　　　意大利北部产区，托斯卡纳

④ 新西兰　　　霍克斯湾，马尔堡

⑤ 加拿大　　　欧肯那根谷，尼亚加拉半岛

脆弱但是多产

梅洛因为果皮薄且果串松散导致比其他波尔多品种比如赤霞珠在葡萄园里要来得脆弱，但是这一缺点很好地被它早熟而又亩产量高的特性所弥补。

黑皮诺

　　从许多方面来看，黑皮诺是赤霞珠的对立面。黑皮诺的果皮薄，出产轻盈得多、色泽较浅的葡萄酒，既不适合混酿也不适合长期陈酿。赤霞珠需要额外的热度以达到完全的成熟，而黑皮诺则需要较为凉爽的条件以保留它迷人的风土魅力，如果过于成熟反而会变得索然无味。

酿酒红葡萄品种

红色浆果风味品类

风味特征

草莓　　　　　石榴　　　　　　　　　　　覆盆子　　　　　樱桃

低成熟度/凉爽气候　　　　　　　　　　　　高成熟度/温暖气候

迷人的精致

　　黑皮诺是赤霞珠红葡萄酒王冠最有力的竞争者——实际上也确实如此，很多人感觉黑皮诺酿造出更卓越的葡萄酒。尽管赤霞珠在很多葡萄酒产区表现稳定，普遍拥有力量十足的显著特点，而黑皮诺则要善变许多，拥有迷人的精致细腻。

　　这种表面上柔弱的红葡萄酒只在极少数产区才能真正异常出色，如果各项条件达不到标准，也会变得黯然失色。但是当黑皮诺碰到天时地利，它所酿造的葡萄酒拥有令人难以忘怀的美好和震慑灵魂的魅力，这是赤霞珠难以企及的。

黑皮诺的风格特征

　　即使是不同的风格来自不同的产区，用黑皮诺酿造的葡萄酒通常依然符合下表中被特别标注的分类标准。

	低成熟度	中成熟度	高成熟度
颜色	N/A	N/A	红色
颜色深度	淡	中等	N/A
甜度	干	N/A	N/A
酸度	清爽柔和	中等	高酸
果味浓度	N/A	甜美	馥郁
橡木风味	无	中等	强烈
酒体	N/A	中等	重

指纹

风土的术语最初是由勃艮第创造，用来描述黑皮诺能够细腻地呈现出不同生长环境所造成风味差异的这一概念。几个世纪以来，它记录了葡萄园的方方面面——从土壤类型到坡度朝向，都可以产生细微可辨的风味差异，黑皮诺是土地的指纹，完整表达在酿造的酒中。

从何而来?

黑皮诺,从某种意义上,是最古老的品种;它是勃艮第地区的红葡萄品种。相比大多数红葡萄品种,黑皮诺更喜欢凉爽的生长环境,并且对于大面积种植来说过于脆弱。除了勃艮第以外,只有非常少的产区能够出产优异的黑皮诺红酒,例如美国的俄勒冈州和加州,新西兰,澳大利亚东南部,德国和意大利北部。

其他著名的黑皮诺产区:

① 美国   加利福尼亚州:索诺玛,圣塔芭芭拉,蒙特雷;
            俄勒冈州:威廉姆特谷

② 德国   法尔茨,巴登,莱茵高

③ 新西兰   中部奥塔哥产区,马丁堡,马尔堡

④ 意大利   特伦蒂诺–上阿迪杰

⑤ 澳大利亚 雅拉河谷;阿德莱德,塔斯马尼亚

⑥ 南非   弗朗斯胡克,沃克湾,开普南海岸

⑦ 加拿大   尼亚加拉半岛,欧肯那根谷

☆典型产区:法国勃艮第红葡萄酒

除了博若莱以外所有的勃艮第红酒都是百分之百黑皮诺

以下法定产区的黑皮诺酒体轻,色泽淡,酸度高:

勃艮第大区,梅尔居雷以及伯恩丘的村级例如桑特奈和绍黑–伯恩。

以下优质产区的黑皮诺红酒口感更饱满,色泽深并且香气浓郁:大部分的夜丘的村级例如热夫雷–香贝丹,尼依圣乔治以及部分伯恩丘的村级例如沃尔奈和波马特。

黑皮诺同样也是邻近的香槟区三大葡萄品种之一。

离不开精耕细作

黑皮诺是一种早熟的品种,在凉爽的产区表现更好,因此它最后的成熟阶段非常缓慢。这个品种出色的克隆品系低产并且需要更多耕作时间,但其结果是值得为此付出的。

西拉/设拉子

酿酒红葡萄品种

不管是用它原本的法国名字西拉还是它在南半球的别名设拉子，这个罗讷河谷的品种都表现得精力旺盛。它出产的酒可以拥有与赤霞珠相媲美的浓郁、深沉色泽以及出色的陈酿能力，因为这个品种也是果粒小而果皮厚且颜色深。与赤霞珠一样，它需要充足的阳光以达到完美的成熟度，但是更加多汁的特点帮助它更容易作为单一品种酿造。

香料与水果风味品类

| 覆盆子 | 乌梅 | 风味特征 | 黑莓果酱 | 蓝莓派 |

低成熟度/凉爽气候　　　　　　　　　高成熟度/温暖气候

热情的风味和颜色

西拉独特的香料香气，偏蓝的色泽，以及天然抗氧化剂单宁使其成为那些中等风味或清淡风味葡萄品种极好的混酿搭档。尽管它作为单一品种酿造也能出产美味又平衡的葡萄酒，仍然有不少酒农会加入少量的其他品种缓和它强烈的口感。这一模式的灵感来源于西拉在罗讷河谷扮演的传统角色，在那里，西拉被用来丰富歌海娜相对寡淡的口感，例如那些罗讷河谷大区酒。在一些更小的产区，它往往加入一点当地的白葡萄品种来平衡酒体。西拉在新世界则通常作为单一品种，被称为设拉子。

西拉 / 设拉子的风格特征

即使是不同的风格来自不同的产区，用西拉酿造的葡萄酒通常依然符合下表中被特别标注的分类标准。

	低成熟度	中成熟度	高成熟度
颜色	N/A	N/A	红色
颜色深度	N/A	中等	深
甜度	干	微甜	N/A
酸度	清爽柔和	中等	尖利
果味浓度	N/A	甜美	馥郁
橡木风味	无	中等	强烈
酒体	N/A	中等	重

胡椒瓶子

许多西拉葡萄酒都有一种独特类似于胡椒的香气。在较为寒冷的产区，成熟度低，它更像是腌渍青胡椒的味道，但是如果有更充足的阳光，则会发展出让你想打喷嚏的黑胡椒粉末的味道。然后，当成熟度达到非常高的水平后，这类香气又变得不那么突兀。

从何而来？

西拉来自法国南部，它最初是被用于制作药酒，在罗讷河谷南部与别的品种一起混酿。西拉以单一品种酿酒局限在非常小的法定产区，分布在较远的罗讷河谷北部蜿蜒陡峭的斜坡之上，如高酸度的克罗兹–埃米塔日和富有辛香气息的罗蒂丘葡萄酒，但是它们的数量非常稀少，价格昂贵。

罗讷河谷北部

其他著名的西拉产区

① 澳大利亚　　南澳大利亚：巴罗萨，麦克拉伦谷；其他地区：维多利亚，新南威尔士，澳大利亚西部

② 美国　　加利福尼亚州：纳帕谷，索诺玛，圣塔芭芭拉；华盛顿州：哥伦比亚谷

③ 南非　　海岸产区，帕尔，斯坦陵布什

④ 智利　　迈坡谷，兰佩谷，阿空加瓜

⑤ 西班牙　　卡斯蒂利亚–拉曼恰，加泰罗尼亚

⑥ 加拿大　　欧肯那根谷

巴黎〇

法国

罗讷河谷北部

☆ 典型产区：法国罗讷河谷北部的红酒

罗讷河谷北部以西拉为基础的葡萄酒——80%~100%；色泽深沉，单宁感强的红葡萄酒带有胡椒类香气。

价格便宜的法定产区：克罗兹–埃米塔日，圣约瑟夫。

优质的法定产区：埃米塔日，罗蒂丘，科尔纳斯。

果皮厚且色泽深

西拉的果实看起来是蓝黑色的，果粒往往和赤霞珠一样个头小果皮厚。然而，尽管它们色泽深且富含风味物质，但是西拉的果皮含有的单宁较少。

歌海娜

歌海娜这个罗讷河谷多产的高产品种可以酿造价格便宜、易于饮用的红葡萄酒，以及多汁、讨喜的桃红葡萄酒。但它同样可以酿造饱满、集中的优质红葡萄酒，伴随可口的香料气息和相当高的酒精度。因为歌海娜易于氧化，迅速转化为锈迹斑斑的橙红色，生产者常常用深色的罗讷河谷品种如西拉和慕合怀特作为天然的抗氧化剂与之混酿。

酿酒红葡萄品种

香料与水果风味品类

风味特征

覆盆子   红樱桃   草莓果酱   烤无花果

低成熟度/凉爽气候   *高成熟度/温暖气候*

广泛种植但隐姓埋名

歌海娜拥有成熟红色水果香气的特质，如草莓果酱，通常还带有白胡椒和生火腿的气息。在它的原产地西班牙（在那儿被称为Garnacha）之外的地方，尽管它是世界上种植最为广泛的品种之一，但很少被标在酒标上。许多用歌海娜酿造的法国酒传统上本来也不标品种，而量产化的酒又都被笼统地以品牌名字标注。大部分歌海娜葡萄酒都是混酿酒，与其罗讷河谷的伙伴西拉和慕合怀特一起，所以也都低于以单一品种命名的75%的规则。

歌海娜的风格特征

即使是不同的风格来自不同的产区，用歌海娜酿造的葡萄酒通常依然符合下表中被特别标注的分类标准。

	低成熟度	中成熟度	高成熟度
颜色	N/A	桃红	红色
颜色深度	淡	中等	N/A
甜度	干	微甜	N/A
酸度	清爽柔和	中等	N/A
果味浓度	N/A	甜美	馥郁
橡木风味	无	中等	强烈
酒体	N/A	中等	重

粉红色的心

尽管歌海娜是红葡萄酒中的摇滚明星，由于其活泼、新鲜的草莓气息，它也是世界上酿造桃红葡萄酒的优质品种。歌海娜酿造的干型桃红葡萄酒不仅是其家乡法国南部的特产，在罗讷河谷、普罗旺斯和西班牙的东北部也有相当的产量。

从何而来？

　　歌海娜的家乡来自西班牙干旱的阿拉贡地区，在那里被称为 Garnacha，但其最具影响力的角色还是在法国南部的罗讷河谷。大部分法国歌海娜都是混酿，通常与罗讷河谷的西拉和慕合怀特混酿，如教皇新堡和罗纳丘酒，同时也与另一个西班牙品种佳丽酿在朗格多克和鲁西荣做成混酿。在欧洲以外的地方，美国加利福尼亚州和南非也有种植，但最重要的产地是澳大利亚，通常也是罗讷河谷风格的GSM混酿，即歌海娜、设拉子和慕合怀特。

罗讷河谷南部

其他著名的西拉产区：

① 西班牙　　　　　加泰罗尼亚，阿拉贡，纳瓦拉

② 法国其他产区　　朗格多克，鲁西荣，普罗旺斯

③ 澳大利亚　　　　南澳大利亚：麦克拉伦谷，巴洛萨

④ 美国　　　　　　加利福尼亚州

⑤ 南非　　　　　　海岸产区

☆ 原型：法国罗讷河谷的混酿

罗讷河谷南部以歌海娜为基础的葡萄酒——最多70%；质地饱满、带有肉味和胡椒香气的红葡萄酒。

价格便宜的法定产区：罗讷丘。

优质的村庄级法定产区：教皇新堡，吉恭达斯，瓦给拉斯。

有新鲜樱桃香气、中等酒体的干型桃红葡萄酒。

价格便宜的法定产区：罗讷丘。

优质的村庄级法定产区：塔维勒（只酿造桃红葡萄酒）。

一大串葡萄

歌海娜以多产的挂果量闻名，因此每一串可以特别巨大。与大部分红葡萄品种相反，在温暖产区生产的果实皮色较浅，而寒凉产区的果实则皮色较深。

其他优越品种

　　除了上面的十大品种，还有许多更加令人着迷的品种等待着葡萄酒爱好者们去发掘，例如在下面这张表格中列举的一些。那些拥有数量庞大的本地酿酒葡萄品种的国家，通常具有悠久的葡萄种植历史，以及适宜葡萄生长的气候。比如说，意大利作为世界上葡萄酒产量最多的国家，它的二十个地区每一个都出产葡萄酒。但是只有非常少量的意大利葡萄酒是用十大品种酿造的，绝大部分都是用本地品种生产，即使是种植面积最广泛的桑娇维塞，也只占到不足15%的意大利葡萄园总面积。

	品种	原产区	最有名的法定产区和出产地
白葡萄品种	白皮诺	勃艮第，法国	阿尔萨斯；德国；意大利
	赛美蓉	波尔多，法国	索泰尔讷；澳大利亚
	白诗南	卢瓦尔河谷，法国	武弗雷；南非
	维奥涅尔	罗讷河谷，法国	孔德里约；加利福尼亚州
	琼瑶浆	普法尔茨，德国	阿尔萨斯；加利福尼亚州
	绿维特利纳	下奥地利，奥地利	瓦豪；Kamtal
	阿尔巴利诺	加利西亚，西班牙	下海湾产区；绿酒产区
红葡萄品种	佳美	勃艮第，法国	博若莱；尼亚加拉半岛
	品丽珠	波尔多，法国	波尔多；希农；加拿大
	卡蒙乃	波尔多，法国	智利
	马贝克	西南产区，法国	阿根廷；卡奥尔
	桑娇维塞	托斯卡纳，意大利	奇安蒂；蒙塔奇诺
	巴贝拉	皮埃蒙特，意大利	阿尔巴；阿斯蒂；朗格
	奈比奥罗	皮埃蒙特，意大利	巴罗洛；巴巴莱斯科
	蒙特普恰诺	阿布鲁兹，意大利	阿布鲁佐
	阿雅尼可	坎帕尼亚，意大利	图拉斯；Vulture
	增芳德	克罗地亚；意大利	加利福尼亚；阿普利亚区
	慕合怀特	瓦伦西亚，西班牙	邦多勒；胡米利亚
	堂普尼罗	卡斯蒂利亚－莱昂，西班牙	里奥哈；杜罗河
	皮诺塔吉	南非	斯坦陵布什；帕尔

其他更多独特品种

西班牙、葡萄牙和希腊，像意大利一样有无数当地独有的葡萄品种，但这些品种在原产地之外的地方很少被种植。因为历史性的原因，法国品种在新世界国家的葡萄园中占主要地位。

典型的葡萄酒风格	同时也被称作
轻酒体、酸度活泼	Pinot Bianco
可以是干型也可以是甜型	
轻酒体、甜型	Steen
饱满、富有花香	
辛香、富有花香	Traminer
轻酒体、酸度活泼	
轻酒体、酸度活泼	Alvarinho
轻酒体、果味充沛	
有植物性气息、中等酒体	
浓烈、有植物性气息	
浓烈、有泥土气息	
高酸、中等酒体	
高酸、中等酒体	
集中、有泥土气息	
酸度活泼、中等酒体	
浓烈、辛香	
浓烈、富有果酱气息	Primitivo
颜色深沉、浓烈	Mourvèdre; Mataro
酸度活泼、中等酒体	
浓烈、肉感	

章节回顾

以下是这一章节你应该学习的重点。

✓ 在酒标上出现的**葡萄品种**都是**欧亚品系**的品种。

✓ 适合酿酒的葡萄以其**高糖分和水分**作为衡量标准。

✓ **霞多丽**是在各种气候条件下适应程度最好的品种，因此在每一个产酒国或多或少都会有这一流行品种。

✓ 因为尖利的酸度和出挑的芬芳气息，**长相思**比其他白葡萄品种更具辨识度。

✓ 德国**雷司令**被许多专家认为是世界上最优秀的品种，但其类型分布十分宽泛，从干型到甜型都有优秀代表。

✓ **灰皮诺**可以酿成饱满、成熟的酒，但其更受欢迎的风格是轻盈、明快的**意大利灰皮诺**。

✓ 尽管**麝香**葡萄有很多不同风格，但都有共同的特质——甜美并有着浓郁的花香气息。

✓ **赤霞珠**是波尔多最著名的红葡萄酒品种。世界上最昂贵和最有陈酿能力的红葡萄酒都是用这一品种酿造而成。

✓ 尽管**梅洛**是以量产的商超酒被认知，但在控制产量的前提下它也可以酿成富有力道和优雅典范的葡萄酒。

✓ **黑皮诺**是红葡萄酒皇冠争夺中与赤霞珠最接近的那个对手——确实，有相当多的黑皮诺葡萄酒都有着优越的品质。

✓ **西拉**，也被称为**设拉子**，酿造有**单宁架构**的集中风味的葡萄酒，同时还有长时间的陈酿能力。

✓ **歌海娜**酿造的酒与其浅淡的颜色正相反——健壮、宽广、充满肉感。它们通常具有白胡椒和生火腿的**可口的香气**特征。

必知的葡萄酒产区

世界顶级葡萄酒产区

　　葡萄酒可以用来自世界任何角落的葡萄酿造，但是那些生产顶级葡萄酒的产区只限于一个很短的名单上。经典的欧洲葡萄酒产区普遍生产较好品质的葡萄——干燥、有着充足阳光的夏天和温和的冬天——有能酿出好酒的潜质。在那里，当地原产的葡萄品种非常丰富，并不是所有的酒都是用有名的葡萄品种酿造的。在美洲和南半球，葡萄可以在变化多端的地貌上生存——从阳光灿烂的南非，到寒冷的加拿大。葡萄酒可以带着你环游世界，随着开瓶的一瞬间，就将饮用者带到了异域风情之中。

欧洲的葡萄酒产区

世界葡萄酒地图的复杂性要用一本地图册才能得到详尽说明，但世界各个产区都有一定的相通性，这也是大部分葡萄酒爱好者所追寻的。欧洲领先世界葡萄酒的生产，其产区地图尤其错综复杂，这是因为他们悠久的酿酒历史和每个国家复杂的葡萄酒法规认证。

老世界的主导地位

几个世纪以来，西欧酿造世界上最好的葡萄酒，并且在数量上也保持第一。尽管比许多新世界国家都小，但法国、意大利和西班牙一直是世界前三名的葡萄酒生产国。另外四个欧洲国家也生产和出口相当多的葡萄酒，成为世界领先的葡萄酒产区：德国、葡萄牙、奥地利和较小的希腊。这些欧洲国家的原产葡萄品种让消费者十分困惑，每个地方根据自己的法定法规填写酒标，因此了解各地的产区法规和级别是了解其葡萄酒必要的因素。因为大部分欧洲葡萄酒都以其法定产区命名——如香槟和奇安蒂——而不是葡萄品种，相对而言有助于了解老世界国家的产区地理知识。

欧洲的领导者

全球大部分的葡萄酒都来自于欧洲。15个主要产酒国中有7个都在欧洲：法国、意大利、西班牙、德国、葡萄牙、希腊和奥地利。人均最高饮用量也都在欧洲，但现在日益下降。由于世界葡萄酒需求量增长，他们也愈加重视国际出口市场。

法国 p120

葡萄酒产区

群体领袖
法国在产量和价格上都引领了世界葡萄酒的生产，以其最负盛名的葡萄酒如香槟、波尔多和勃艮第获取非同寻常的高价。

西班牙 p220

被葡萄藤覆盖的国家
西班牙葡萄酒在产量上位于全球第三，但种植面积是世界第一。许多生产者会将其葡萄酒直接送到欧洲以外的国家，直到21世纪其出口量成倍暴涨。

德国 p222

东部产地

奥地利西部的山区不适合葡萄的种植，因此葡萄酒主要来自于国家的最东部。它是世界上第15大产酒国。

奥地利 p223

两倍

德国是世界上第十大葡萄酒生产国，酿造最多的白葡萄酒。但是以国家为单位，其葡萄酒消耗量是生产量的两倍。

意大利 p216

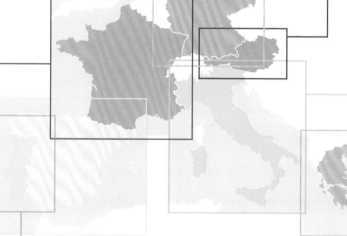

紧逼第一

意大利曾经是世界上最大的葡萄酒生产国，但现在以很小的差距仅次于法国。尽管其面积比加利福尼亚州还小，但它所有的20个产区都生产葡萄酒。

不仅仅是波特酒

尽管面积非常小，但葡萄牙是世界上第12大葡萄酒生产国，以强化酒著名，但人们也开始发现这里其他优质的葡萄酒。

葡萄牙 p224

希腊 p225

有潜力的葡萄

希腊境内的大部分区域都适合种植葡萄，目前那里的葡萄既用来酿酒，也做成葡萄干。目前希腊是世界第14大葡萄酒生产国。

法国：勃艮第

　　勃艮第产区位于法国的中心位置，法语为Bourgogne，以其充满情感、昂贵的葡萄酒和世界著名的原产葡萄品种闻名。勃艮第葡萄酒只酿造单一品种的酒，不做混酿：霞多丽干白葡萄酒，勃艮第干红葡萄酒，南部的博若莱曾经隶属于勃艮第产区，但后来被独立出来，那里的干红葡萄酒以佳美葡萄为主原料。顶级的勃艮第会在新橡木桶中熟成，并且有着与各种美食百搭的功力和寒凉产区的特质。

背景

　　当代优质葡萄酒的溯源都要从中世纪的勃艮第开始，这个产区对于爱好者而言至今依然是复杂、难以掌握的——错综复杂的地理、历史、100个子产区的法定法规、神秘的酒标、被数个拥有者分享的一块葡萄园。然而即便如此，对顶级勃艮第酒的巨大需求让价格已经飞上天了，其中一些是世界上最贵的葡萄酒。勃艮第产区的复杂分级，即越是小的分级越有潜质酿出越好的酒的制度，为全欧洲的葡萄酒法规制定了模板。大部分产区的分级止于村庄级免得造成困扰，但勃艮第还是深入细分到每个葡萄园。高等级的葡萄园不管是被列级为一级园还是特级园，都意味着头等和顶级的品质。

勃艮第葡萄酒的分区

- **勃艮第** 这一等级的勃艮第酒属于此产区的入门款，可以使用来自产区内任何地方的葡萄，被描述为脆爽、干型的霞多丽干白或清淡、有泥土气息的勃艮第干红。
- **夏布利** 这个勃艮第最冷的分区只酿造霞多丽干白，多为有着尖利酸度、基本不过橡木桶的干型白葡萄酒。
- **金丘** 勃艮第最好的村庄如夏瑟尼－蒙哈榭、香波－穆西尼都位于此地，处于第戎市南部、阳光灿烂的陡坡上。
- **夏隆内丘** 这个较小的分区酿造工艺上乘、价格合理的村庄级干白和干红，如吕利和梅尔居雷。
- **马孔内** 这个大而高产的分区以霞多丽为主，如新鲜、平价的马孔村干白和更为优越的普伊－富赛。
- **博若莱** 这里轻盈的博若莱干红只用佳美而不是黑皮诺酿制，充满果味、价格合理，几乎不过橡木桶。

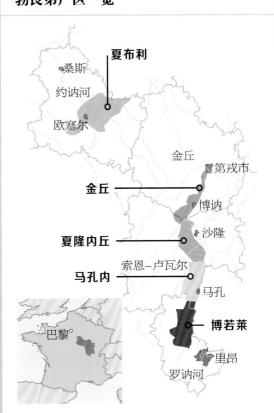

勃艮第产区一览

法国北部的寒凉产区

最流行的酒
勃艮第：基础款的大区级干白和干红。
马孔，夏布利：脆爽、干净的干白。
梅尔居雷、桑特奈：高酸、有泥土气息的干红。
博若莱：轻盈、果味充沛的干红。

最珍贵的酒
默尔索、普利尼－蒙哈榭：烘烤气息、饱满的干白。
沃恩－罗曼尼、热夫雷－香贝丹：丝滑、有泥土气息的干红。

法国：香槟

　　香槟产区生产世界上最好的起泡酒，精准、平衡、富足、端庄。大部分干型的香槟以绝干的类型装瓶，意味着其甜度很低，有着新鲜的酒体、优越的酸度和低酒精度。邻居勃艮第的霞多丽和黑皮诺在这里也是主要的品种，加上香槟产区原产的早熟品种莫尼耶皮诺。

背景

　　香槟离巴黎很近，比起其他葡萄酒产区有着寒冷的气候，其起泡酒也是在这样的环境下应运而生的。在标准的成熟度下，葡萄被采摘先酿成静止的干白基酒，有着非常干的酒体和极高的酸度。在第二次发酵时加入糖，在瓶中得到自然封存的二氧化碳气泡。这些葡萄酒和酵母沉淀物一起陈酿数月甚至数年，好得到烘烤的气息。大部分香槟使用红葡萄品种和白葡萄品种混酿而来，但是葡萄皮都很早去除了好酿造干白基酒。因为葡萄的风味每一年都不一样，所以为了保持一致的风格很多香槟酒会用不同的年份混酿在一起。

香槟起泡酒的类型

●无年份香槟 入门款的香槟，用不同年份不同品种混酿，在上市前二次发酵的瓶陈至少18个月。
●年份香槟 在酒标上标明年份，意味着这是一款用单一年份的葡萄酿造的"奢华特酿"。这些酒往往和酒脚陈酿更长时间，上市前至少3年。
●桃红香槟 桃红香槟通常是干型的，十分美味，一般来说在酿造的最后一步加入一些黑皮诺干红以渲染酒的颜色和味道。

常见的香槟酒标术语

●Brut，Extra-Dry和Demi-Sec 这些是指相对而言酒中糖分的含量，绝干型、特干型、半干型。
●Blanc de Blancs 意思是"用白葡萄品种酿的白葡萄酒"，即只使用霞多丽酿造的香槟，有绝佳陈酿潜力。

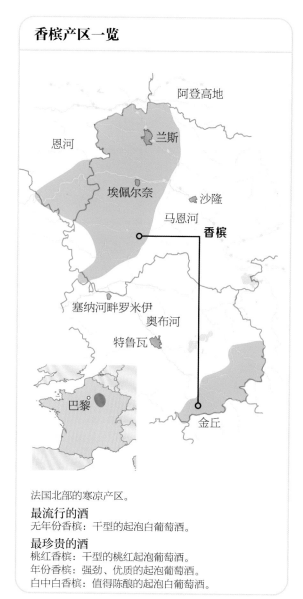

香槟产区一览

法国北部的寒凉产区。

最流行的酒
无年份香槟：干型的起泡白葡萄酒。

最珍贵的酒
桃红香槟：干型的桃红起泡葡萄酒。
年份香槟：强劲、优质的起泡葡萄酒。
白中白香槟：值得陈酿的起泡白葡萄酒。

法国：波尔多

　　波尔多是法国最大的葡萄酒产区，酿造全世界最有影响力的高端葡萄酒。产区的名字源于港口波尔多，阿基坦大区的首府。大部分波尔多葡萄酒是干红，这个产区也有使用新橡木桶酿造优质干红的传统，并得到世界范围内的认可。许多其他为了提升品质的实践也是从这里传到世界各地，比如酒庄装瓶，为最好的葡萄酒建立列级制度。

背景

　　混酿多个品种在波尔多十分常见，这里常用的葡萄品种有8个。在实际操作中，酿造葡萄酒主要以三个建立了国际声誉的品种为基础：赤霞珠、梅洛或长相思。产区内最好的位置都用来种植赤霞珠，这一品种在纪龙德河的左岸表现最佳。梅洛作为相对容易成熟的品种，是波尔多的量产葡萄，引领了平价的酒。但梅洛也可以在右岸酿造顶级品质的酒。波尔多白葡萄酒没有那么常见。大部分是以长相思为主的干白和以赛美蓉为主的索泰尔讷华美甜酒。所有的优质葡萄酒都会在新橡木桶中陈酿。

波尔多葡萄酒的分区

●**波尔多** 这一入门酒的产区囊括了干红、干白和桃红，葡萄可以来自产区内的任何地方，基本上是以梅洛为主的干红和长相思为主的干白。来自布尔和布莱依、两海之间干红、干白葡萄酒也大同小异。

●**梅多克** 这个位于左岸的产区是唯一一个赤霞珠表现优异并占据混酿中主导位置的产区，尤其是在玛歌村和圣爱斯泰夫村。

●**格拉芙** 这一左岸产区既酿造干红也酿造干白葡萄酒，在格拉芙梅洛和赤霞珠的地位一样重要。

●**右岸** 在河的另一边有许多更小的子产区，酿造美乐主导的优质干红葡萄酒，如波美侯和圣埃米利永。

●**索泰尔讷和巴尔萨克** 这些来自格拉芙大区的甜酒以赛美蓉酿造出世界顶级的水准，有着华美的酒体和橡木香气。

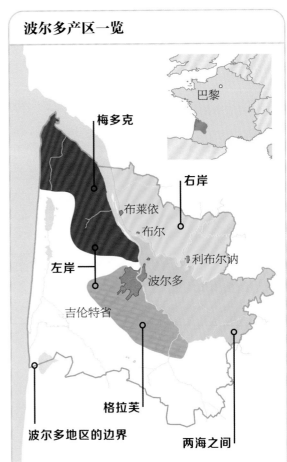

波尔多产区一览

法国西部温和气候的产区。

最流行的酒
波尔多、格拉芙：干型、中等酒体的干红和干白葡萄酒。
梅多克：略好一些的干红葡萄酒。

最珍贵的酒
波亚克、玛歌：强壮、集中、单宁重的干红葡萄酒。
波美侯、圣埃米利永：柔和、鲜美的干红葡萄酒。
索泰尔讷：浓重、甜美、有橡木气息的甜白葡萄酒。

法国：卢瓦尔河谷

　　法国最长的河就是卢瓦尔河，沿河两岸遍布着凉爽的葡萄酒产区，一直到西端的入海口。在这个北部寒凉产区，葡萄的成熟没有那么容易，所以轻盈的白葡萄酒和起泡酒更为著名。整个卢瓦尔河谷细分为三种气候带，每一个都有其特定的品种。

背景

　　卢瓦尔最好的产区是桑榭尔和普仪芙美，处于上游的奥尔良市附近。这里的白葡萄酒是100%的长相思，但这一波尔多品种在这个更寒冷的产区表现完全不同，不过木桶不做调配。在下游，河流中端较为温暖的气候对卢瓦尔最重要的本土品种白诗南来说十分完美，比如在武弗雷，就可以出产从绝干到甜酒的全部类型。红葡萄酒和桃红葡萄酒在这里也有出产，使用另外一个波尔多品种：品丽珠。最后，在近海口区域，蜜瓜品种酿造出轻酒体的干型白葡萄酒慕斯卡黛。

卢瓦尔河谷最好的白葡萄酒类型

- **桑榭尔和普仪-芙美** 高酸度的干白葡萄酒，可以起到清口的作用，是现代长相思的典范。
- **武弗雷和蒙路易** 这里的白诗南白葡萄酒可以是干型也可以是甜型、静态或起泡，但最流行的是轻酒体的半甜起泡葡萄酒。
- **希农和布尔格伊** 这些用品丽珠酿造的浅色、有植物青草气息的干红葡萄酒喝上去酒体很轻、酸度很高，口感非常干。
- **安茹桃红** 轻盈的桃红葡萄酒，也会有来自当地葡萄品种带来的淡淡甜味。
- **莱昂丘和邦尼舒** 这里迟摘的甜葡萄酒用晒缩的白诗南酿造。

卢瓦尔河谷产区一览

法国北部的寒凉产区

最流行的酒
慕斯卡黛：轻酒体、收敛的干白葡萄酒。
武弗雷：轻酒体的甜白葡萄酒。
安茹桃红：轻酒体的半甜桃红葡萄酒。

最珍贵的酒
桑榭尔和普仪芙美：高酸度、有植物气息的干白葡萄酒。
希农和布尔格伊：轻酒体、中度酒体的干红葡萄酒。

法国：罗讷河谷

　　罗讷河谷这个法国南部产区以热情的干红葡萄酒和干型的桃红葡萄酒闻名。罗讷河谷的葡萄酒没有波尔多和勃艮第的声誉那么高，但是新世界国家的生产者已经十分信奉并推崇罗讷河谷的葡萄品种如西拉和歌海娜，因为它们在炎热、干燥的气候下可以有很好的表现。罗讷河谷的葡萄酒常常有香料的气息，不过北罗讷和南罗讷有很大区别。

背景

　　北罗讷河谷满是铺满岩石的陡坡，一如河水刻画勾勒出的阿尔卑斯山脚；然而当一路南下靠近地中海的时候，河谷的地势平坦开阔起来。大部分葡萄园都坐落于温暖、多石的南罗讷，这里更能保证平价酒产量。高产量的歌海娜是南罗讷的首要品种，其他如西拉和慕合怀特也用作混酿添加色泽和味道。北罗讷只酿造很少量的酒，因为那里陡峭的葡萄园只适合酿造需要陈酿的好酒。西拉是北罗讷唯一种植的红葡萄品种。

南罗讷河谷产区

● **罗讷丘** 这一基础产区以平价、好喝的歌海娜为基础混酿的红葡萄酒闻名，同时也可以酿造来自罗讷河谷内任何地方的干白和桃红葡萄酒。较好的级别会标注为罗讷丘村庄级。

● **教皇新堡和吉恭达斯** 这俩优质的村庄产区几乎包括了产区内最好的歌海娜混酿：重酒体、有着浓郁香料气息的干红。

● **塔维勒** 这是一个只酿造歌海娜为主的桃红葡萄酒的产区，有一些是世界顶级的桃红葡萄酒。

● **博姆-德沃尼斯麝香** 这里出产非常甜润、馥郁的自然甜酒。

北罗讷河谷产区

● **埃米塔日，罗蒂丘，科尔纳斯** 这些优质的葡萄酒是世界上最好的原产的西拉葡萄酒——集中、浓郁，如墨水般深沉，有强烈的胡椒气息。

● **克洛兹-埃米塔日和圣约瑟夫** 这两个较小的产区生产酒体比前者略轻、价格更好承受的西拉葡萄酒，常常有较好的酸度和泥土气息。

● **孔德里约** 这个白葡萄酒产区酿制极少量新鲜、充满花香、过木桶的维奥涅尔葡萄。

罗讷河谷产区一览

法国南部温暖气候的产区

最流行的酒
罗讷丘干红：味道充沛、有香料气息的干红葡萄酒。
罗讷丘桃红：干型的桃红葡萄酒。

最珍贵的酒
教皇新堡：充满力量和香料气息的干红葡萄酒。
埃米塔日，罗蒂丘：集中富有胡椒气息的干红葡萄酒。

法国：阿尔萨斯

阿尔萨斯是位于法国东北部和德国相邻的一个美丽产区。其风土条件久经考验，阿尔萨斯的葡萄酒也受法国和德国双边文化的影响。这个如花园般美丽的产区是酿造白葡萄酒的伊甸园，既有足够的日晒来汲取香气味道，又有冷凉的晚上保持新鲜的酸度，但还远不能酿造令人满意的干红。

阿尔萨斯产区一览

法国北部的寒凉产区

最流行的酒
白皮诺：柔和未经木桶的白葡萄酒。
混酿干白葡萄酒：芬芳、轻盈的甜型白葡萄酒。

最珍贵的酒
雷司令：凌厉的干型白葡萄酒。
灰皮诺：馥郁、有桃子气息的白葡萄酒。

背景

德国强势的影响从阿尔萨斯葡萄酒的瓶形就可以看到——高瘦的莱茵河风格的"笛形"瓶以及在酒标上写明品种的名字。芬芳型的德国品种如雷司令和琼瑶浆也是阿尔萨斯的贵族品种，但是法国的品种如灰皮诺、白皮诺和黑皮诺在这里有更大面积的种植。双重文化的影响塑造了这里葡萄酒的性格。阿尔萨斯的葡萄酒普遍比其竞争对手德国的葡萄酒更干、更强劲，受到夏布利和桑榭尔与美食适宜搭配的启迪，阿尔萨斯的酒也有很好的配餐性。在阿尔萨斯倾向于酿造干型酒的传统之下，也有许多现代的酒庄专门酿造较甜的酒。

阿尔萨斯顶级葡萄酒的风格

- **白皮诺和欧塞瓦皮诺** 在阿尔萨斯这两个品种都称为白皮诺，它们也常常混酿在一起。这两种易于种植、中等酒体的白葡萄酒通常是干型的，像未过木桶的霞多丽的气息。
- **雷司令** 德国的贵族品种雷司令在这里被酿成更强劲、更干型的风格，生产有着优越陈酿潜力、芬芳、适宜配餐饮用的白葡萄酒。
- **灰皮诺** 这个黑皮诺的褪色版本在阿尔萨斯酿造馥郁、芬芳、有桃子香气的酒，通常也比意大利的黑皮诺甜度更高。
- **琼瑶浆** 这一原产于奥地利的品种有类似麝香葡萄的香气，它常常会被酿成集中、富有滋味的白葡萄酒，从干型和半甜型都有。
- **黑皮诺** 阿尔萨斯很少有干红葡萄酒，如果有也只可能是用勃艮第优雅、有泥土气息的黑皮诺酿造。

意大利：托斯卡纳

托斯卡纳，是意大利地中海岸一个遍布山陵乡丘的产区。在山间被农田所包围，这是意大利最顶级的葡萄酒产区，也是世界上最重要的两个葡萄酒产区之一。大部分托斯卡纳葡萄酒是红色，并且多使用当地原产的品种桑娇维塞酿造，常见其作为主要品种与其他品种混酿。

背景

托斯卡纳产区最广为人知的酒是奇安蒂，也是大区内最大的一个产区。这个在托斯卡纳中心位置的产区内还有许多子产区，如位于佛罗伦萨和锡耶纳之间的经典奇安蒂。再往南一些，在蒙塔奇诺镇的山顶上，以深色葡萄皮闻名的桑娇维塞，即布鲁内罗克隆酿造的深沉、浓郁、有着极好陈酿潜力的酒。20世纪的后五十年让托斯卡纳从一个量产的产区变成一个以优质葡萄酒闻名的产区。

托斯卡纳红葡萄酒产区

•奇安蒂和经典奇安蒂 这些中等酒体的干红葡萄酒主要用桑娇维塞酿制。较浅的色泽、高酸度和高单宁以及和食物的高搭配度让它成为意大利最有名的葡萄酒。
•布鲁内罗-蒙特奇诺和蒙塔奇诺红葡萄酒（Rosso）几乎都是用桑娇维塞一个特殊的克隆品种酿造，这些蒙特奇诺干红葡萄酒有更深的颜色、风味和酒体，布鲁内罗是陈酿的较高级的酒，Rosso则是更年轻的酒。
•托斯卡纳红葡萄酒 这个宽泛的分类既囊括了餐酒，还有最为顶级奢华的酒，它们通常但并不全是桑娇维塞为基础酿制的。

托斯卡纳白葡萄酒产区

•Vernaccia di San Gimignano 这一轻快、未经木桶的白葡萄酒是有着轻酒体和高酸度的干白葡萄酒。

托斯卡纳的分级

•陈酿 这一法定级别规定酒在上市前有更长的陈酿时间。
•超级托斯卡纳 这是一个对非传统、不使用当地葡萄酿造的葡萄酒的统称，常常使用法国品种，但现在也常用来作为托斯卡纳混酿的统称。

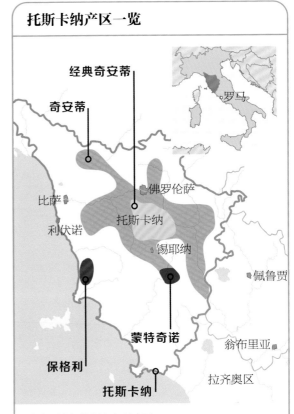

托斯卡纳产区一览

意大利中部的温和气候产区

最流行的酒：
奇安蒂：高酸、以桑娇维塞为主的混酿干红葡萄酒。
托斯卡纳红葡萄酒：类似于奇安蒂，但更为现代化，通常更成熟、更具果味。

最珍贵的酒：
布鲁内罗-蒙特奇诺：集中、陈酿、用桑娇维塞的布鲁内罗克隆酿制的干红葡萄酒。
博格利：强劲的干红葡萄酒，用赤霞珠、梅洛和桑娇维塞混酿，是超级托斯卡纳的起源地。

意大利：皮埃蒙特

　　由于与法国这个创造了品质比产量更重要的概念的欧洲葡萄酒生产国相邻，皮埃蒙特是意大利酿造优质葡萄酒最长历史的产区。这一产区的北部、西部和南部被山脉分隔，由此也得名"山脚"（皮埃蒙特—Piedmont，意大利语意为山脚）。频繁的大雾和阴云天气让这里的葡萄难以成熟，因此有更多阳光照晒的山坡在这个富有挑战的环境中对葡萄种植非常必要。

背景

　　在寒冷的皮埃蒙特，最流行的酒是甜美的起泡葡萄酒阿斯蒂。半甜的阿斯蒂麝香起泡葡萄酒成为芳香、怡人的麝香葡萄酒的标杆。然而皮埃蒙特酿制优质葡萄酒的地位是由顶级的巴罗洛和巴巴莱斯科奠定的。这两个以古镇命名的葡萄酒都用奈比奥罗品种酿制。只有阳光最充沛的山坡才能让这个顽固的品种得到适当的成熟，因此另外两个当地品种巴贝拉和多切托相应占据较少的面积，它们都可以酿造简单年轻的日常用酒，但是顶级的巴贝拉可以和内比奥罗相媲美。知名度不高但也值得了解的皮埃蒙特干白葡萄酒有瘦长、犀利的加维和柔和、芳香的阿内斯品种。

皮埃蒙特红葡萄酒的风格

●**巴罗洛和巴巴莱斯科** 这两个优质、高单宁适宜陈酿的干红葡萄酒都用内比奥罗酿制，严峻、有泥土气息，十分强劲，是意大利最受尊重的葡萄酒。

●**阿尔巴巴贝拉和阿斯蒂巴贝拉** 用巴贝拉酿制的中等酒体干红葡萄酒有着咸鲜、集中、高酸度、富有橡木气息的酒体，与海鲜可以完美搭配。

●**多切托** 用多切托酿制的中等酒体干红葡萄酒通常富有果味、新鲜怡人，有中等酸度和富有活力的紫色酒体。

皮埃蒙特白葡萄酒的风格

●**阿斯蒂和阿斯蒂麝香** 这些半甜的起泡葡萄酒用白麝香品种酿制。发酵过程中被中止，好酿出一半起泡葡萄酒、一半白葡萄汁的酒。

●**加维** 用柯蒂斯品种酿造的精致干白葡萄酒。

●**阿内斯** 用阿内斯葡萄酿造的芳香型干白。

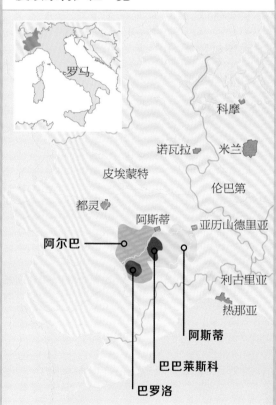

皮埃蒙特产区一览

意大利西北部的温和气候产区

最流行的酒：
阿斯蒂：甜起泡麝香葡萄酒。
巴贝拉：尖利中等酒体的干红葡萄酒。
多切托：柔和、年轻、富有果味的干红葡萄酒。

最珍贵的酒：
巴罗洛：高单宁、重酒体、需要长时间陈酿的内比奥罗干红葡萄酒。
巴巴莱斯科：与巴罗洛类似但稍为轻盈、明快。

意大利：特威尼托

特威尼托是意大利东北部各个著名产区的集合之地，如威尼托、Friuli-Venezia Giulia 和特伦蒂诺–上阿迪杰在这里都有着悠久的历史，并且一一反映在其酒中。这些产区三面围绕着威尼斯，从南部肥沃的海岸平原一路延伸到北部阿尔卑斯山谷之中。特伦蒂诺大部分葡萄品种都源自法国，有一些流传了几个世纪，并且像德国和新世界国家一样将葡萄品种标在酒标上。

背景

特威尼托的气候适合白葡萄生长，这个产区最主要的出口葡萄酒灰皮诺和普罗塞克都是轻酒体和新鲜的风格。较低的地势生长出多变的白葡萄，如有着白色花香的富莱诺和用卡尔卡耐尔酿造的坚果风味索阿维。法国品种如灰皮诺、霞多丽和白皮诺主宰了特伦蒂诺–上阿迪杰的山地。特威尼托最流行的红葡萄酒是来自维罗纳的充满果味的瓦坡里切拉，该产区也生产优级的重酒体干红，以当地的品种勒格瑞和莱弗斯科酿制，以及法国进口的葡萄品种梅洛和黑皮诺。

意大利东北部顶级白葡萄酒的风格

●**灰皮诺** 威尼斯和更冷的产区如特伦蒂诺–上阿迪杰以其轻盈、温和的灰皮诺闻名，但在弗留利更温暖的葡萄园中这一品种也可以被酿成强壮、有明显橡木风味的白葡萄酒。
●**普罗塞克** 这个轻盈新鲜的起泡葡萄酒源于威尼托产区的阿尔卑斯山脚下，特点是略有些许甜感。
●**富莱诺** 这个芬芳有活力的品种曾经被称为Tocai，但为了尊重匈牙利托卡伊产区被强制改名为富莱诺。

意大利东北部顶级红葡萄酒的风格

●**瓦坡里切拉** 在维罗纳的近郊瓦坡里切拉以Corvina葡萄为基础，生产怡人的葡萄酒，从易饮的平价酒到集中的高端葡萄酒都有生产。
●**瓦坡里切拉的阿玛罗尼** 这一奢华的瓦坡里切拉葡萄酒用专门晾晒的干葡萄酿制，酿制前这些葡萄会晾晒一个月之久，是意大利最强劲的葡萄酒之一。
●**梅洛和黑皮诺** 意大利北部以干白更闻名，但是也有许多冷凉气候下轻盈清鲜的红葡萄酒以这些品种酿制。

特威尼托产区一览

特伦蒂诺
上阿迪杰
普罗塞克
特伦蒂诺–上阿迪杰
博尔扎诺
威尼斯朱利亚
乌迪内
特兰托
威尼托
弗留利
维罗纳
维琴察
威尼斯
瓦坡里切拉
威尼斯
罗马

欧洲地中海区域的寒凉产区

最流行的酒：
威尼斯的灰皮诺：轻酒体、未过桶的干白葡萄酒。
普罗塞克：轻酒体的起泡葡萄酒。
瓦坡里切拉：轻酒体富有果味的干红葡萄酒。

最珍贵的酒：
阿玛罗尼：浓郁风味，用葡萄干酿制。

意大利：南部

　　意大利南部曾一度被认作是生产便宜量产红葡萄酒的地方，但现在很多激进的改变已经促进这里酿造出富有潜质的葡萄酒。几个世纪以来贫困的阴影一直影响着这一产区的葡萄酒文化——产量远比质量重要。直到20世纪，依然有90%的酒是以量产化被生产，当严格的法定法规被提上议程，其要求也会被并不积极的现状所操控从而拉低水准。

背景

　　意大利南部被丛山和海岸线包围，拿坡里是其南部最大的城市，其经济主要依靠种植业和渔业。大部分意大利南部的酒是干红，并且与当地的食物可以较好搭配，其表现也多为高酸、富有乡野气息和充沛果味的干红。然而，这个地区较为少见的白葡萄酒以其少见的香气特征崭露头角。

意大利南部最好的红葡萄品种

● **艾格尼科** 在坎帕尼亚的图拉斯产区和巴西利卡塔的 Aglianico delle Vulture产区，这一古老的品种酿造辛辣的葡萄酒，将力量和优雅结合起来。

● **蒙特普恰诺** 这个来自阿布鲁齐大区多产的葡萄品种以易饮的中等酒体干红被广为人知，但也具有较好陈酿潜力的特例。

● **黑曼罗** 这个普利亚大区"又黑又苦"的品种以其深色的皮和高单宁闻名，同时也让萨兰托产区最优越的葡萄酒有极好的陈酿潜力。

● **黑达沃拉** 这是西西里最芬芳的红葡萄品种，常常在酒标上标出品种名字，像西拉一样有不同寻常的集中度。

● **普里米蒂沃** 在加利福尼亚州，这个品种被称为增芳德，这个克罗地亚原生品种在普利亚大区被广泛种植，酿造轻盈、芬芳、适宜和海鲜搭配的干红葡萄酒。

意大利南部最好的白葡萄品种

● **菲亚诺** 这个来自坎帕尼亚大区的白葡萄品种具有如罗讷河谷干白葡萄酒特有的酒体和花香特质。

● **银佐利亚** 这个西西里的原生品种在寒凉的山间葡萄园被酿成像长相思一样的高酸、清爽的葡萄酒。

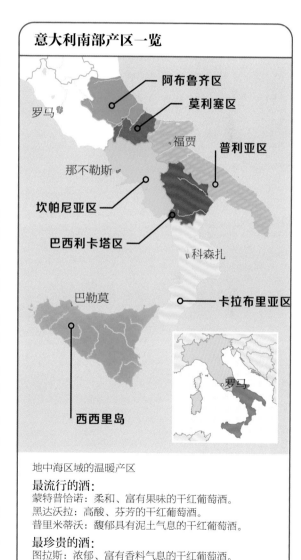

意大利南部产区一览

罗马

阿布鲁齐区

莫利塞区

福贾

普利亚区

那不勒斯

坎帕尼亚区

巴西利卡塔区

科森扎

巴勒莫

卡拉布里亚区

西西里岛

罗马

地中海区域的温暖产区

最流行的酒：
蒙特普恰诺：柔和、富有果味的干红葡萄酒。
黑达沃拉：高酸、芬芳的干红葡萄酒。
普里米蒂沃：馥郁具有泥土气息的干红葡萄酒。

最珍贵的酒：
图拉斯：浓郁、富有香料气息的干红葡萄酒。
菲亚诺：饱满、芬芳的干白葡萄酒。

西班牙

　　西班牙比法国的很多产区有更悠久的种植和酿造葡萄酒的历史，现在这一产区为了追求品质渐渐地也向现代化转化。在加入欧盟之后西班牙有了一个华丽的转身，酿造世界级的葡萄酒，其中有许多是以现代化的酿酒手段酿造的传统品种，扩展其国际声誉。现代西班牙酒既输出了富有性价比的干红和干白葡萄酒，同时也出现了像法国勃艮第和意大利巴罗洛一样具有认可度的产区如普里奥拉和杜罗河。

背景

　　从炎热、阳光充沛的安达卢西亚到寒冷的加利西亚，西班牙遍布适宜葡萄生长的产区，并拥有诸多优良的品种。红葡萄品种堂普尼罗和白葡萄品种阿巴里诺为里奥哈和杜罗河赢得了高度赞誉，以及北部的托罗和下海湾产区。再往东走，原生品种歌海娜和莫纳斯特雷尔占据了整个地中海区域，从瓦伦西亚一路延伸到巴塞罗那。在富有挑战的气候下，西班牙在巴斯克大区酿造不成熟、还带有气泡感的独特的查克里，以及赫雷斯

富有坚果气息、被阳光晒干的雪莉酒。在其他产区，西班牙的生产者追随国际风范——比如，以法国香槟区的传统方式酿造加泰罗尼亚的原生品种做成卡瓦起泡酒。

西班牙顶级红葡萄酒的类型

- 里奥哈 西班牙最著名的红葡萄酒是中等酒体的堂普尼罗混酿，来自毕尔巴鄂南部的大西洋寒凉产区，常常使用长时间的木桶陈酿。
- 杜罗河和托罗 堂普尼罗也是卡斯蒂利亚–雷昂的主要品种，沿着杜罗河岸酿造出更为集中、强壮的酒。
- 普里奥拉和蒙桑特 这些紧邻巴塞罗那的产区用老藤歌海娜和佳丽酿混酿干红葡萄酒，普里奥拉更有力度和威望，蒙桑特价格更平易近人。
- 堂普尼罗、歌海娜和慕合怀特 这三个品种常常写在平价酒酒标上，尤其是来自西班牙中部产区的酒。

西班牙顶级白葡萄酒的类型

- 卡瓦 来自加泰罗尼亚的佩内德斯产区世界著名的起泡酒，卡瓦是使用西班牙白葡萄品种，以类似于法国香槟的方式——瓶中带酒脚二次发酵酿造而成的起泡酒。
- 阿尔巴利诺 这个清爽怡人、适宜搭配海鲜菜的白葡萄酒主要来自加利西亚海岸地区的下海湾产区，既有灰皮诺的新鲜口感又有夏布利的贵族气质。
- 赫雷斯雪莉酒 是用安达卢西亚白葡萄品种酿制的世界上类型最丰富的强化酒，从脆爽、干冽的曼柴尼拉酒到用麝香葡萄干酿造的如糖浆般浓稠的甜酒。

品质和熟成

西班牙生产者传统上通过酒的集中度和在橡木桶中陈酿的时间来判断酒的品种，这在欧洲红葡萄酒产区都非常常见，但西班牙为此制定了法定法规。生产者需要酿出好酒来赢得三个等级的认可——陈酿、珍酿、特级陈酿（crianza, reserva, gran reserva）——来帮助消费者识别酒在橡木桶和瓶中陈酿的时间长度。大部分酒都会比法规规定的时间陈酿得更久，在酒质达到最佳的时刻上市，顶级葡萄酒通常是在采收后的5～10年后才上市。

西班牙产区一览

西欧的混合型气候

西班牙红葡萄酒
里奥哈：芬芳、橡木香气浓郁的干红葡萄酒。
杜罗河：集中、橡木香气浓郁的干红葡萄酒。
歌海娜：年轻、浓烈的干红葡萄酒。

西班牙白葡萄酒
卡瓦：有烤面包气息的起泡白葡萄酒。
阿巴里诺：轻酒体、芳香的干白葡萄酒。
赫雷斯雪利：有坚果风味的强化酒。

绿色西班牙
西班牙最寒冷、阴郁的产区是北部的大西洋海岸区。红葡萄酒在那里无法成熟，最好的酒是干型、高酸、低酒精度的白葡萄酒，并很少在木桶中陈酿。其中最有名的就是来自加利西亚海岸地区的下海湾产区的阿巴里诺，与葡萄牙接壤，这种酒有优质、馥郁的香气。较少见到的还有带有气泡和苹果酒气息的查克里，产自于法国接壤的巴斯克产区。

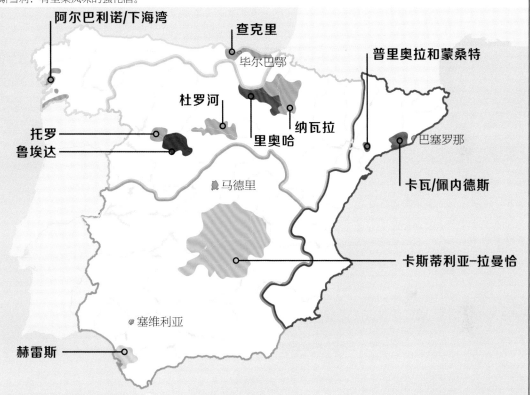

西班牙中央靠南部的产区
西班牙最好的红葡萄酒几乎都是在马德里北部以堂普尼罗为主的产区出产。里奥哈是西班牙旗舰酒的产地，且是最早建立橡木桶陈酿方式的产区。纳瓦拉附近是西班牙顶级的干型桃红葡萄酒产地。沿着山脉往西南方向去，在卡斯蒂利亚平原上的杜罗河与托罗产区让堂普尼罗可以完美成熟，酿出浓郁、较深色的干红葡萄酒，鲁埃达则酿造弗德乔为主的清爽干白葡萄酒。

西班牙南部
这个区域最优质的葡萄酒多为沿着安达卢西亚海岸线出产的强化酒。其中最成功的就是赫雷斯的雪利酒——从浅淡、干冽的曼柴尼拉，到浓稠、甜蜜的麝香。马德里南部的拉曼查产区则出产西班牙最平价的葡萄酒。

西班牙的地中海区域
温和的地中海海岸地区最出名的酒来自北部的加泰罗尼亚。世界上产量最高的起泡葡萄酒卡瓦就来自佩内德斯，还有其用葡萄品种命名的干白和干红葡萄酒。普里奥哈和莫纳斯特雷尔酿造西班牙最浓烈的干红葡萄酒，用老藤的丛状生长的歌海娜。歌海娜和莫纳斯特雷尔也是内陆能够在最南部生存的葡萄品种。

德国

　　自中世纪起德国就有了酿造优质葡萄酒的传统，直到一个世纪以前，德国的白葡萄酒还被公认为是世界上最好的白葡萄酒。严酷的气候条件只允许生产者集中精力酿造适应寒冷气候的一种品种——雷司令。当代德国人喜欢酿造干型的葡萄酒，但出口市场仍然喜欢传统的轻酒体、半甜口感的德国酒。

背景

　　德国优质的原产地是莫泽尔和莱茵高，现在又添加了法尔兹、那赫和莱茵黑森等。这个国家的寒冷气候出产高酸、低糖的品种，且并不能完全成熟以酿造平衡的干白葡萄酒。因此由光热决定的葡萄甜度和成熟的香气会被码以高价，德国就此发展了其特有的Prädikat等级制度。优质葡萄酒会根据葡萄的成熟度而分级，以收货时的含糖度为标准。成熟度的等级差距很大，不仅仅由葡萄园的位置决定还有每年年份的差异性。

德国顶级白葡萄酒产区

●摩泽尔 这一德国最古老的产区酿造最芬芳的葡萄酒。大部分都是半甜、酸度较高、酒精度低于10%的酒。
●莱茵高 这个略为温暖的产区可以让葡萄拥有更好的成熟度。许多葡萄酒被分级为半干、半甜和甜型的酒，但是现代风格的酒是重酒体和干冽的风格。

德国的酒标系统

●Kabinett, Spätlese和Auslese 是指在Prädikat分级制度下的葡萄酒，包括正常质量、较好和卓越的成熟度，这一系统通常使用于半甜或是甜型的酒，它们也有可能是干型酒，决定于酿造过程中葡萄中的糖分或潜在的酒精度，酿出发酵后不甜的酒。
●Beerenauslese和Eiswein 这是指在Prädikat分级制度下用晚收、有着高糖度或者超高糖度的葡萄酿制的酒，会在隆冬时节采收已经冰冻的葡萄果实，从而获得口味更为集中的葡萄汁。
●Trocken和halbtrocken 干型和半干型，这一系统是指酒中的糖度，一般使用于较少残糖量的酒。

德国产区一览

欧洲北部的寒冷气候产区

最珍贵的酒
莫泽尔雷司令：轻酒体、甜美有成熟苹果香气的白葡萄酒。
莱茵高雷司令：浓郁、更有桃子香气的白葡萄酒。

其他德国酒类型
Spätburgunder：轻酒体的黑皮诺红葡萄酒。
Müller–Thurgau：清爽年轻的白葡萄酒。

奥地利

奥地利是一个德语国家，但它以当地的葡萄品种在独特的风土条件之下形成拥有独特风格、个性的葡萄酒。大部分奥地利葡萄酒沿着东部边境产自下奥地利（Niederösterreich），与匈牙利、斯洛伐克接壤，并以干白为主，种在凉爽的大陆性气候区域，但所有的葡萄都比德国境内的更容易成熟，因此酒体也更强壮，常常被酿成干型葡萄酒。

背景

奥地利第一位的葡萄品种是绿维特利纳，意为来自Veltlin的绿葡萄。用它酿出来的酒与长相思和干型的雷司令有相似的绿色植物气息和较高的酸度，但最好的绿维特利纳有能与优质霞多丽相媲美的饱满度。奥地利顶级的深色品种，茨威格和Blaufränkisch，会酿成中等酒体有自己特质的干红，最令人不能自拔的是奥地利奢华的甜酒。这些有着馥郁香气如蜂蜜般甜蜜的酒一如德国Prädikat分级系统所标识的集中甜度，从半甜的Spätlese及以上都有分布。

奥地利的顶级白葡萄酒类型

●**绿维特利纳** 在奥地利以外的地方很难见到这一品种。用它酿造的未过木桶的干白常常有植物性气息，既有新鲜果味又有陈酿潜力，甚至达到勃艮第干白的复杂度。

●**雷司令** 雷司令虽然并不是奥地利种植最多的品种，但能酿出最有趣的优质葡萄酒，常常表现为干型的中等酒体，与阿尔萨斯相似。

●**Weissburgunder和Grauburgunder** 这两个法国品种的德文别名翻译成意大利语更广为人知——白皮诺和灰皮诺，可以酿成奥地利最平和的干型白葡萄酒。

奥地利其他葡萄酒的类型

●**茨威格和Blaufränkisch** 这两个抗寒品种有一定的血缘关系，可以酿出狂野、富有风味、中等酒精度的红葡萄酒。

●**冰酒和Ausbruch** 在比德国温和的气候条件下，奥地利用类似的品种和技术酿造出一种更为甜美的甜酒，并专门于冬季采收的冰酒。

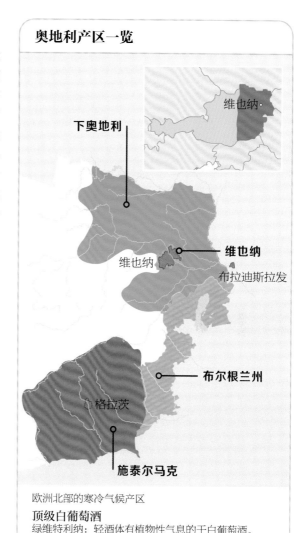

奥地利产区一览

维也纳

下奥地利

维也纳
布拉迪斯拉发

维也纳

布尔根兰州

格拉茨

施泰尔马克

欧洲北部的寒冷气候产区

顶级白葡萄酒
绿维特利纳：轻酒体有植物性气息的干白葡萄酒。
雷司令：高酸的干白葡萄酒。

其他类型的葡萄酒
茨威格：富有活力、酸度较高的红葡萄酒。
冰酒：浓稠的甜酒。

葡萄牙

　　葡萄牙是个非常小的国家，大概只有美国佛罗里达州一半大小，但那里的原生葡萄品种令人瞩目。当用国际品种酿造的葡萄酒在二十世纪八、九十年代在全球风行的时候，葡萄牙相对处于劣势：其本土品种套种在葡萄园中，并很少混酿于酒中。也正因为如此，葡萄牙与世隔绝的状态为酿酒原生品种的典型性保留了一笔珍贵的遗产。

背景

　　历史上，强化酒被认为是葡萄牙唯一被国际酒业认可的酒，直到最近，葡萄牙其他类型的葡萄酒都很少在本国之外的地方出现。在葡萄牙北部的杜罗河谷，甜型波特是世界上最受欢迎的甜酒。较少被世人所知，但有着一样悠久历史和优越品质的还有葡萄牙热带岛屿——马德拉岛产的马德拉酒。其他有国际认知度的葡萄牙酒有来自Minho的轻酒体甜润的桃红，以量产的大品牌Mateus和Lancers为代表。现如今，在这个国家的海岸线一带，还有些具有独特特性的酒，从略带起泡感的绿酒干白到来自杜奥和阿连特茹的集中型干红。

葡萄牙经典的强化酒类型

●**波特** 强壮、甜润的波特酒来自杜罗河谷，用蒸馏烈酒以中止发酵的方式酿造。主要以红葡萄品种混酿为主，通常是6种甚至更多的葡萄牙或西班牙品种。

●**马德拉** 葡萄牙另一个伟大的强化酒，以其所在的热带岛屿命名。与雪莉酒相似的特质让它拥有坚果的气息，从干型到甜型都有，白葡萄品种和红葡萄品种都有用到。

葡萄牙其他葡萄酒类型

●**绿酒** 这一清淡、高酸的葡萄酒价格便宜，有清爽的淡淡起泡感。它们可以是干白，也可以是桃红或干红葡萄酒，被称为verde（"绿"）是因为葡萄在未成熟时被采摘。

●**阿连特茹/特茹** 这个南部温暖的内陆产区酿造成熟强壮的干红葡萄酒——通常以品种命名。

●**杜罗河** 这些来自波特产区的干红与酿造波特酒使用的葡萄品种一样，有富有活力的味道和较深的色泽。

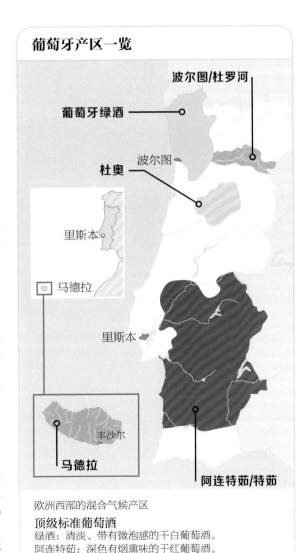

葡萄牙产区一览

波尔图/杜罗河

葡萄牙绿酒

杜奥

波尔图

里斯本

马德拉

里斯本

丰沙尔

马德拉

阿连特茹/特茹

欧洲西部的混合气候产区

顶级标准葡萄酒
绿酒：清淡、带有微泡感的干白葡萄酒。
阿连特茹：深色有烟熏味的干红葡萄酒。

顶级强化葡萄酒
波特酒：甜美有如利口甜酒的红色强化酒。
马德拉酒：甜美高酸有坚果气息的白色强化酒。

希腊

　　古希腊在葡萄酒文化的发展和地中海区域酿酒技术的完善中扮演重要的角色，但这一产区的葡萄酒文化在奥斯曼帝国长达几个世纪的统治下被深深压制，直到希腊在1981年加入了欧洲经济共同体之后才有了本质的变化，从而发展出当代具有优越品质的希腊葡萄酒。

背景

　　希腊大部分的海岸区域都是阳光灿烂的地中海气候，就像意大利一样，拥有上百种当地特有的原生品种。但大部分都被培育为鲜食葡萄或做成葡萄干，只有很少数能够赢得酿造优质葡萄酒的声誉，比如来自南部岛屿的白葡萄品种Assyrtiko或来自北部内陆区域的红葡萄品种Agiorgitiko。在数量上，几家大生产商一统希腊葡萄酒的生产，出口市场也以传统的松香酒和甜麝香，甜Mavrodaphne为主。但是酿造国际口味的新型希腊酒的小酒农在不断增长，大部分酿造适宜搭配传统地中海菜肴的干型、酸度活泼的葡萄酒。

希腊顶级干型葡萄酒

- Assyrtiko 来自圣托里尼岛贫瘠土地的这种高酸干白葡萄酒可以吸引喜欢长相思的爱好者。
- Moschoflero 这个芳香的粉色葡萄品种主要种植在伯罗奔尼撒半岛上，酿造活泼有热带花香的干白葡萄酒。
- Xynomavro 在希腊的中部和北部种植，这一高单宁的品种名字字面意思是"又酸又红"。在纳乌萨和Amyndeo产区表现最好。
- Agiorgitiko 这个品种在奈迈阿产区被酿制成带烟熏味、中等酒体的干红葡萄酒，常常因为其适宜搭配美食的属性被与意大利的桑娇维塞做比较。

希腊顶级甜型葡萄酒

- 麝香和Mavrodaphne 甜美的白麝香品种和红Mavrodaphne品种在希腊非常常见。它们通常用波特酒的方式酿成强化葡萄酒。

希腊产区一览

欧洲地中海区域的温暖气候产区

富有潜质的白葡萄酒
圣托里尼：清爽的高酸白葡萄酒。
Moschoflero：有花朵芳香的白葡萄酒。

富有潜质的红葡萄酒
黑喜诺：高单宁的干红葡萄酒。
奈迈阿：带烟熏味、中度酒体的干红葡萄酒。

欧洲之外的葡萄酒产区

　　新世界国家的葡萄酒产区跨越整个西半球和南半球。学习这些产区的葡萄酒地理没有欧洲那么难，新世界国家的产区数量更少，地域更大，分级远没有欧洲那么复杂。葡萄酒基本上也都在酒标上写明品种，基本都使用国际流行的品种，这也让饮用者更易识别。但难处在于每款酒的区别以及一定程度上会限制葡萄酒风味的多样性。

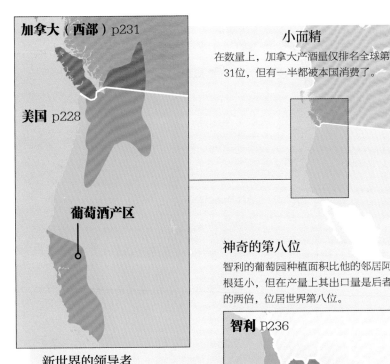

加拿大（西部）p231

美国 p228

葡萄酒产区

小而精
在数量上，加拿大产酒量仅排名全球第31位，但有一半都被本国消费了。

加拿大（东部）P231

新世界的领导者
美国是欧洲之外最大的产酒国，位列全球第四位。将近90%都产自阳光灿烂的加利福尼亚州。

神奇的第八位
智利的葡萄园种植面积比他的邻居阿根廷小，但在产量上其出口量是后者的两倍，位居世界第八位。

智利 P236

阿根廷 P237

欧洲之外的第二位
阿根廷是新世界国家中第二大的葡萄酒生产国，也是全球第五大葡萄酒生产国。70%多的葡萄园都位于蒙多萨省。

勇敢的新世界

这些前殖民地国家的产区通常都比其欧洲原产国还大，但产量都更少。美国引领着新世界国家，产量位居全球第四位，但超过85％的酒都是在本国被消费掉了。阿根廷、澳大利亚、智利和南非的产量均位列世界前十位，同时在出口量上也皆有增长。新西兰在数量上远没有前者那么多，但国际影响力比许多大产量的国家都大。加拿大的总额甚至更少，出口额也很低，但在北美高端葡萄酒的市场中占有一席之地。

新手来袭

这七个新世界国家在世界葡萄酒地图中的地位由其重要性来排序。在产量上，中国、俄罗斯、巴西都出产更多的酒但其国际声誉与其他国家相比处于较低水平。

澳大利亚 P232

一个真正的新手

新西兰曾经在全球葡萄酒的搜索引擎中不值得一提，直到20世纪90年代马尔堡的长相思打响了第一炮。现在，它是全球排名第17位的生产国。

地球下面的先驱者

澳大利亚是全球第11大生产国，在研究和革新方面引领了整个新世界国家。其葡萄园围绕着南部的海岸区分布。

新西兰 P234

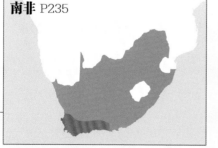

南非 P235

好望角的葡萄

在非洲大陆，葡萄酒的产量非常小，但南非的西开普敦有种植葡萄的理想气候。这个国家位于全球葡萄酒生产国的第19位。

美国：加利福尼亚州

加利福尼亚州比任何一个新世界国家的葡萄酒产量都高，只有法国、意大利和西班牙比美国的产量高，而且几乎90%的美国葡萄酒都来自加利福尼亚州。灿烂的阳光和罕见的降雨让这里的葡萄拥有卓越的成熟度，味道丰富、质地饱满成为加利福尼亚州酒的特有标识。

背景

19世纪中期，加利福尼亚州葡萄酒产业开始初露端倪，但一个重大的挫折让这一过程拖延了近百年。20世纪初期葡萄园先经受了自然灾害，紧接着又是严峻的禁酒令，1920-1933年全国停止了酿造葡萄酒。量产酒在战后首先得到恢复，直到20世纪70年代优质葡萄酒才重新出现。加州生产者和美国葡萄酒消费者共同引领了全球葡萄酒的繁荣发展，并引领了新世界葡萄酒的革新。今天，加州依然出产世界上最好的葡萄酒。

加州宽广的中央山谷生产大部分的日常饮用酒，这里对于优质葡萄酒而言太热了。顶级酒的产区围绕着加州北部的海岸线分成两个部分，在凉爽的太平洋冷空气影响下这里的葡萄可以得到漫长的成熟期。北部海岸区是加州的葡萄酒重镇，催生了最著名历史也最久的葡萄酒子产区，如纳帕谷、索诺玛的俄罗斯河谷等。中央海岸区从旧金山南部一路下延到圣塔芭芭拉，穿插着未来之星帕索罗布尔斯和蒙特雷。

加利福尼亚州顶级的红葡萄酒类型

- **赤霞珠及其混酿** 这一品种在加利福尼亚州可以汲取到足够的阳光，在特定产区如纳帕谷和帕索罗布尔斯酿出世界顶级的葡萄酒。
- **增芳德** 这个独特的美国风格增芳德主要生长在温暖的产区，有浓重的颜色和酒精度，伴随烘焙的樱桃甜点的气息，尤其在高龄葡萄园中特征更为明显，如洛蒂产区和干溪谷酒庄。
- **梅洛** 在纳帕谷这一品种可以酿出丰润的红葡萄酒，味道丰富，单宁柔顺。
- **黑皮诺** 这一薄皮品种在凉爽的海岸区如索诺玛、圣塔芭芭拉和蒙特雷可以酿出精准、中度酒体的酒。

加利福尼亚州顶级的白葡萄酒类型

- **霞多丽** 这个加利福尼亚州种植量第一的品种生产活泼、富有果味的酒，尤其是在凉爽的产区如索诺玛、圣塔芭芭拉，并一定都会过橡木桶。
- **长相思** 有时还会被称作Fumé Blanc，在加利福尼亚州这一品种表现得与其他国家不同，酸度更低，植物性气息更淡。

新世界国家的名字

所有的酒标都会写出产区，但是在美国以及大部分新世界国家葡萄品种是酒类型的主导因素。酒农中的先驱者在新产区学习欧洲经典的葡萄酒时首先要决定种植哪些品种以及如何酿酒，而老世界以葡萄酒的产地命名的系统就不再适用于此。这一行为既有历史的原因，也因为在形成新的产区时是不可操作的。取而代之的是，美国葡萄酒法律为葡萄酒生产者提供很大的灵活空间，酒标只做最基本的管控。不像欧洲葡萄酒的法定产区，他们没有规定每个产区特定葡萄品种的种植守则或是产量限定。

加利福尼亚产区一览

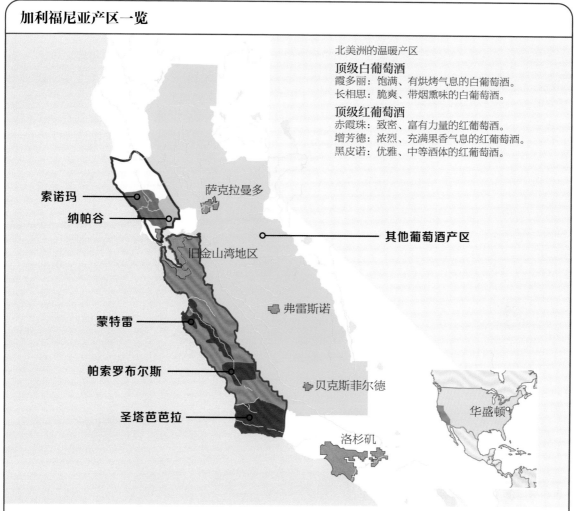

北美洲的温暖产区

顶级白葡萄酒
霞多丽：饱满、有烘烤气息的白葡萄酒。
长相思：脆爽、带烟熏味的白葡萄酒。

顶级红葡萄酒
赤霞珠：致密、富有力量的红葡萄酒。
增芳德：浓烈、充满果香气息的红葡萄酒。
黑皮诺：优雅、中等酒体的红葡萄酒。

索诺玛
纳帕谷
萨克拉曼多
其他葡萄酒产区
旧金山湾地区
蒙特雷
弗雷斯诺
帕索罗布尔斯
贝克斯菲尔德
圣塔芭芭拉
华盛顿
洛杉矶

北部海岸区

这是加利福尼亚州优质葡萄酒的区域，囊括旧金山海湾北部的四个产区：海岸线边上的索诺玛和门多西诺，内地的纳帕谷和莱克县。

索诺玛是北部海岸区最大的产区，并且有最多样化的气候。多雾的区域与水域相近，比如俄罗斯河谷和卡内罗斯，专注于冷凉气候的品种如霞多丽、黑皮诺和起泡酒。内地的区域如亚历山大谷和干溪谷则更为温暖，以较重酒体的干红葡萄酒如赤霞珠和增芳德闻名。

纳帕谷相比索诺玛的面积仅仅是一小块，但那葡萄园的分布更为集中，且以优异的葡萄酒出名。沿着不同的山脉，纳帕谷有着温暖且不同寻常的气候条件，适宜红葡萄品种的生长。波尔多的赤霞珠和梅洛在这里都表现得非常卓越，并且常常混酿在一起，在谷地里的平坦地带如罗斯福和更陡峭的豪威尔山和鹿跃区种植。

门多西诺的气候和地理条件与索诺玛相近，但其葡萄园中植株的分布更为稀疏。

莱克县的气候则与纳帕谷北部十分相似。

中央海岸区

在酒标上这一区域的名字很容易看到，整个中央海岸区从湾区一路延伸至圣塔芭芭拉。不像北部海岸区南部的产区，这里的山谷往往更为凉爽，因为海岸线的分布让这里的谷底直接受到太平洋凉爽清风的吹拂。圣塔芭芭拉，圣路易斯–奥比斯波，蒙特雷和圣克鲁斯都可以酿造优秀的霞多丽、黑皮诺、西拉，而帕索罗布尔斯则更以赤霞珠和增芳德闻名。

美国：太平洋的西北海岸

加利福尼亚州虽然占美国酒的主导地位，但它北太平洋的邻居也酿造卓越的葡萄酒。华盛顿州和俄勒冈州虽然相邻，在酿酒葡萄的种植面积上相近，但酒的风格完全不同。俄勒冈以小产量的黑皮诺和灰皮诺著名，而华盛顿则生产大产量的梅洛、赤霞珠、霞多丽和雷司令。

背景

风格的差异直接反映在两个产区的地理位置上，以卡斯克德山脉为界，俄勒冈的优质葡萄酒产区，波特兰南部的威廉姆特山谷分布于卡斯克德山脉和海岸线之间，相对更加凉爽，以难以种植但价值更高的黑皮诺为主。

华盛顿主要的葡萄酒产区是哥伦比亚谷，位于两个奶牛重镇雅吉瓦和沃拉沃拉之间，即卡斯克德山脉"干燥"的东面，这里需要灌溉才能让水果生长，白天温暖的阳光让厚皮的红葡萄品种得以成熟，凉爽的沙漠夜晚又可以让白葡萄品种保持较好的酸度。

西北太平洋的顶级红葡萄酒类型

- **俄勒冈黑皮诺** 威廉姆特山谷被认为是世界上除了勃艮第之外最具表现力的黑皮诺产区。
- **华盛顿梅洛** 这一品种在哥伦比亚谷能酿成异乎寻常具有力量感的酒，同时还有柔顺的果香。
- **华盛顿西拉** 卓越的重酒体西拉在华盛顿州的中部被酿造，伴随深沉的颜色和浓郁的香气特征。

西北太平洋的顶级白葡萄酒类型

- **俄勒冈的灰皮诺** 这个轻巧的酒通常是中等酒体、不过橡木桶的干白葡萄酒。比意大利的灰皮诺重，比法国的灰皮诺温和。
- **华盛顿的雷司令** 华盛顿州酿造可爱的霞多丽和长相思，但是雷司令也非常特别，尤其是那些类似德国半干葡萄酒风格的。

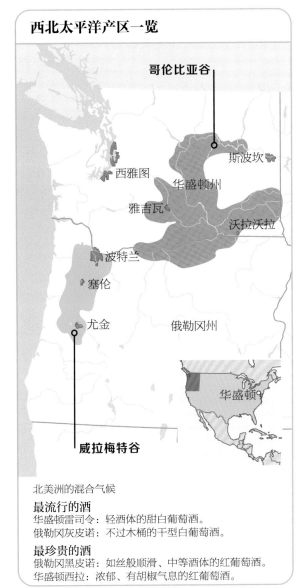

西北太平洋产区一览

北美洲的混合气候

最流行的酒
华盛顿雷司令：轻酒体的甜白葡萄酒。
俄勒冈灰皮诺：不过木桶的干型白葡萄酒。

最珍贵的酒
俄勒冈黑皮诺：如丝般顺滑、中等酒体的红葡萄酒。
华盛顿西拉：浓郁、有胡椒气息的红葡萄酒。

加拿大

　　去加拿大的人通常会惊讶于这里兴盛繁茂的葡萄酒产业：一个葡萄酒生产国貌似并不符合人们对这个北方白色大陆的印象。当地的葡萄酒也很少出口，但可以满足国内一半的需求。受到欧洲德国和奥地利的启迪，这个产区最珍贵的葡萄酒是其奢华的冰酒。这些甜酒用冬季里被冻在枝头、糖分浓缩的晚摘葡萄酿造。

背景

　　大部分葡萄藤在零下10℃的条件下不能存活超过两天，加拿大仅有几个产区在温和的冬天里可以支撑葡萄的生存。加拿大优质葡萄酒最早是从安大略省的尼亚加拉半岛开始的，但现在西海岸的不列颠哥伦比亚省也一样开始有兴盛的发展，欧肯纳根谷在加拿大落基山脉的山脚下酿造品质卓越的酒，这两个产区都种植了适应凉爽产区的品种，比如雷司令和黑皮诺。西部产区以需要更多阳光和温暖的易于成熟的品种为主，比如赤霞珠和西拉。

加拿大顶级葡萄酒的类型

- **冰酒** 是加拿大价格最高的酒，用在葡萄藤上一直悬挂到1月份的葡萄酿造而成的风味集中的甜葡萄酒。
- **雷司令** 这个来自德国适应凉爽气候的品种在加拿大的表现也甚好，也多酿为轻酒体、甜美、高酸的德国风格雷司令。
- **品丽珠** 这个与赤霞珠有血缘关系的薄皮品种在加拿大适应良好，酿造有活力、雪松气息、中等酒体的红葡萄酒。
- **灰皮诺** 在阳光充沛的凉爽产区表现甚好，灰皮诺酒在这里的风格更接近于阿尔萨斯丰腴的版本。
- **黑皮诺** 这个酿造轻盈酒体的娇贵的品种很容易令人心碎，但加拿大的生产者在安大略省和不列颠哥伦比亚省都可以酿出表现不错的黑皮诺。
- **西拉** 这一品种在温暖的产区更常见，不列颠哥伦比亚省酿造不错的西拉：浓郁并有着芬芳气息。

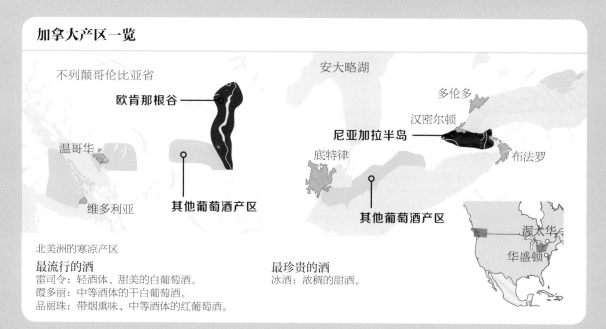

加拿大产区一览

不列颠哥伦比亚省　　　　　　　安大略湖

欧肯那根谷　　　　　　　　　　　　　　　　　　多伦多

汉密尔顿

尼亚加拉半岛

温哥华　　　　　　　　　　　　　底特律　　　　　　　　　布法罗

维多利亚　　　**其他葡萄酒产区**　　　**其他葡萄酒产区**

渥太华

华盛顿

北美洲的寒凉产区

最流行的酒
雷司令：轻酒体、甜美的白葡萄酒。
霞多丽：中等酒体的干白葡萄酒。
品丽珠：带烟熏味、中等酒体的红葡萄酒。

最珍贵的酒
冰酒：浓稠的甜酒。

澳大利亚

澳大利亚境内的大部分地域对于葡萄种植来说都过于炎热了，但是这个大陆的南部却受到适宜葡萄生长的地中海气候庇护。在20世纪，许多葡萄种植和酿造的革新都在这里发生，澳洲酿酒师们在自己葡萄冬歇的时候去北半球的收货季做顾问，并传播了这些革新。

背景

在全球葡萄酒的生产上，澳大利亚可以进入前十位，其生产者比其他新世界国家也更注重出口市场。一如既往，最好的葡萄酒都来自于那些受海洋或是山地影响的凉爽产区，大部分处于悉尼和阿德莱德之间距离海岸线300千米以内的地区。日常餐酒更多出产于更温暖、需要灌溉的内陆，如墨累河流域的平原。

许多来自欧洲的葡萄品种在这里都有种植，包括霞多丽和赤霞珠。但是，在澳大利亚最被广泛种植的标志品种是设拉子。这个被其他地方称为西拉的法国品种在温暖的产区适应度很高，澳大利亚的葡萄酒酒标上一般都会标出品种，与其他新世界国家显著不同的是：澳大利亚的混酿必须标注清楚每一个品种的比例。

地理标注

大部分澳大利亚日常的葡萄酒的酒标都标注为一个产区——东南澳大利亚——囊括了五个省、全国90%的葡萄园。然而优质的葡萄酒会以更小的产区来标注，遵循葡萄酒产业里"小而美"的规律。

澳大利亚产区一览

南半球的温暖气候产区

顶级白葡萄酒
霞多丽：饱满、富有果味的白葡萄酒。
雷司令：高酸的干型白葡萄酒。

顶级红葡萄酒
设拉子：深色、充满果酱味的红葡萄酒。
歌海娜：强壮、有葡萄干集中度的红葡萄酒。

西澳大利亚

西澳大利亚是西部第三大的省份。但只有海岸线相当有限的区域能够酿酒，坐落于珀斯以南的区域，以小而精的家族酒庄为主，最好的葡萄酒来自玛格丽特河谷。

南澳大利亚

许多澳大利亚最受尊敬的产区都处于离阿德莱德车程很短的地方。南澳临近海岸线的东南角是顶级酒的产区，量产的葡萄酒在墨累河流域。巴罗萨和麦克拉伦谷是这个国家最著名的设拉子酒产区，而凉爽的克莱尔谷酿造出色的雷司令。再往南走，库纳瓦拉的石灰石海岸区域生产澳洲最好的赤霞珠和霞多丽。

西澳大利亚

珀斯

玛格丽特河

其他葡萄酒产区

澳大利亚顶级的红葡萄酒风格

- **设拉子** 设拉子是法国品种西拉在澳大利亚的名字，常常被酿成强壮、深色、富有果味的葡萄酒，从轻松、水果味的酒到集中、收敛的酒都有。
- **歌海娜及其混酿** 其他罗讷河谷的品种在澳大利亚也很风行，比如歌海娜，和类似于罗讷河谷，称为GSM混入设拉子与慕合怀特的混酿。
- **赤霞珠及其混酿** 这里的赤霞珠种植范围没有那么广泛，并且被酿成轻盈、活泼的酒，常常与设拉子混酿。

澳大利亚顶级的白葡萄酒风格

- **霞多丽** 是澳大利亚种植最广泛的品种，从寒凉产区的高酸风格到温暖产区的油润风格都有，大部分不过木桶或不适用新橡木桶。
- **雷司令** 澳大利亚的雷司令类似于阿尔萨斯的风格，但酸度较高且是干白，有优越的青柠檬和青苹果香气。
- **赛美蓉** 这一品种在法国以优质的甜葡萄酒出名，如索泰尔讷甜酒，在澳洲，从极干的类型到浓稠的甜酒，从脆爽不经木桶的酒到用橡木桶酿造有烘烤香气的酒。

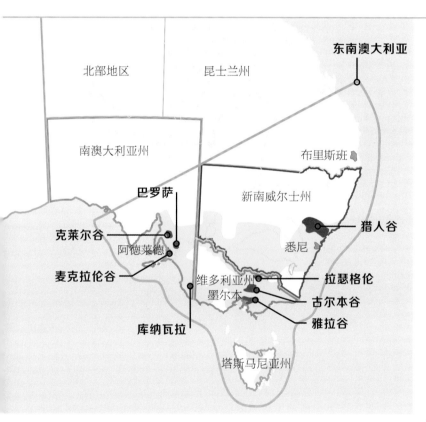

新南威尔士

临近悉尼的猎人谷最早显示出酿造优质葡萄酒的潜质，因此澳州葡萄酒历史在新南威尔士也有着最深的追溯，这一产区酿造出色的霞多丽和设拉子以及独特的赛美蓉。大部分新南威尔士州的葡萄园都使用墨累–达令河流域的浇灌系统，但雄心勃勃的酒庄选择在大分水岭的凉爽山地里种植和酿造，比如马奇和希托普斯子产区。

塔斯马尼亚

澳大利亚最小、最寒冷的产区就是塔斯马尼亚，这个小岛地处冰冷的南极洋，以白葡萄酒如霞多丽和雷司令为主，同时也以起泡酒和黑皮诺闻名。

维多利亚

澳大利亚大陆最南端、最寒凉的产区便是维多利亚州，这里专注于寒凉气候类型的葡萄酒，如白葡萄酒和起泡葡萄酒。围绕墨尔本的海岸线区域，如雅拉谷和莫灵顿半岛，是凉爽气候葡萄的理想生长之地，如黑皮诺和霞多丽。在大分水岭的山谷之间，如古尔本，生产伟大的单一品种干白和干红葡萄酒。东北部的拉瑟格伦以其强化甜酒和甜酒著名，也被称为"黏浆"，是以波特和雪莉酒的方式酿造。

奥芝国之境

澳大利亚酿造优质葡萄酒的产区都围绕于南部地中海气候的海岸线区域集中分布。

新西兰

以优质新鲜的白葡萄酒为代表，相对于其他新世界国家，新西兰年轻的葡萄酒产业已经在新世界产酒国中占有重要的一席之地。从20世纪70年代起显著的市场化种植成为国家经济产业中的重要组成部分，在十年之后某些特定的风格如马尔堡的长相思也为新西兰建立起国际声誉。这种高酸、干型有柑橘类气息的酒追随法国卢瓦尔产区桑榭尔的风格，但更有热带水果气息和生机勃勃的植物性气息。

背景

新西兰与其他新世界国家不同的是它的产区更加寒冷——更像欧洲湿冷的气候而不是美国、澳大利亚或南美洲温暖、炎热的气候。然而这正是新西兰葡萄酒如此卓越的原因，将新世界的酿酒技术和新鲜富有果味的特征相结合，既有清爽的酸度，又与美食有较好的搭配度，与欧洲葡萄酒也更相似。新西兰长相思戏剧化的成功归功于其凉爽的种植地，以及用不锈钢桶发酵出来干净、高酸的干白葡萄酒。

新西兰顶级的白葡萄酒类型

●长相思 这种不过木桶有着清爽酸度、中等酒体的干白葡萄酒以集中的柑橘类气息和绿色植物气息为特征。马尔堡风格已经成为这一品种具有国际代表性的风格。

●霞多丽 这一品种在新西兰的海岸区域表现优越，尤其是在北岛的东南沿海，有明显的青苹果酸度，过桶和不过桶的风格都有。

新西兰顶级的红葡萄酒类型

●黑皮诺 新西兰是世界上少数能够将这一娇贵的品种酿出具有国际水准的酒，尤其在南岛的中奥塔哥产区。

新西兰产区一览

北岛

奥克兰

惠灵顿

马尔堡

霍克斯湾

克莱斯特彻奇

中奥塔哥

南岛

南半球的凉爽气候产区

最流行的白葡萄酒
长相思：高酸、不过橡木桶的干白葡萄酒。
霞多丽：带烟熏味的干白葡萄酒。

最流行的红葡萄酒
黑皮诺：清淡、带烟熏味的干红葡萄酒。

南非

　　非洲大陆内的大部分地区对于酿造优质葡萄酒而言都太炎热了，但是南非的西开普敦有着地中海气候。在17世纪末，这是新世界国家第一个开始探索优质葡萄酒的产区，直到19世纪初期都是最好的产酒国。然而二十世纪南非葡萄酒业遭受了各方面的重创——早期的虫害，随后的量产酒风潮，以及数十年将葡萄酒蒸馏为便宜的白兰地。

背景

　　在20世纪90年代初期种族隔离制度被取消之前，南非的出口贸易在世界葡萄酒大发展之时被完全屏蔽。但是现在，世界已经重新认识到南非葡萄酒具有复杂度的优越潜质和出挑特性。以量产化为基准的生产多位于阳光灼晒的山谷里，而优质葡萄酒则出产于凉爽的海岸线区域。除去温暖口感，南非的葡萄酒比起其他新世界产区更重视与美食的搭配而不是酒本身的果味。

南非的顶级红葡萄酒类型

●**皮诺塔吉**　南非特有的品种，来自黑皮诺和南法高产品种神索的杂交。皮诺塔吉酿造酒体集中的红葡萄酒，有烟熏和肉的气息。

●**赤霞珠及其混酿**　南非以赤霞珠为主的混酿有明显的尘土气息，尤其来自斯坦陵布什和帕尔产区的酒。

南非的顶级白葡萄酒类型

●**白诗南**　这一卢瓦尔河谷的品种在南非十分成功，酿造丰富的不同类型的葡萄酒——从轻盈、甜美到强壮以像木桶陈酿的干白。

●**霞多丽和长相思**　这些品种在凉爽的地区表现良好，多为脆爽可口的干白葡萄酒。

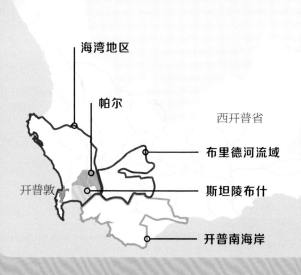

南非产区一览

南半球的温暖气候产区

最流行的酒
白诗南：酒体轻的甜型白葡萄酒。
皮诺塔吉：浓烈有烟熏味的红葡萄酒。

最珍贵的酒
霞多丽：用橡木桶发酵的白葡萄酒。
赤霞珠：浓郁的、有泥土气息的红葡萄酒。

海湾地区
帕尔
西开普省
布里德河流域
斯坦陵布什
开普敦
开普南海岸

约翰内斯堡

智利

　　这一狭长的国家从西班牙人到来之际就已经开始酿酒了，但直到最近才赢得世界范围内的品质认可。智利国境有上千千米之长，像三明治一样夹在太平洋和安第斯山脉之间。其主要的葡萄酒产区围绕在首都圣地亚哥周围，享受数月万里无云的夏季和温和的冬季。

背景

　　法国葡萄品种在19世纪被智利引进，今天，赤霞珠、梅洛、长相思和霞多丽占据智利主要的出口市场。智利同时也培育一些当地表现较好的品种：卡蒙乃以集中的口感和味道赢得关注，这一在法国已经消失了近一个世纪的品种在智利被重新发现，并且与其近亲梅洛常常混种在一起。

　　拥有充沛的日照、凉爽的夜晚和漫长、干燥的生长季，智利的葡萄园很少经历湿冷的天气，因此也很少经历别的国家深受困扰的虫害，低成本的土地和人工让智利在20世纪90年代吸引了很多国际投资，整个产业的质量得到突飞猛进的增长。

智利顶级的葡萄酒类型

- **卡蒙乃** 智利最具标志性的品种，酿造与波尔多梅洛和赤霞珠类似的红葡萄酒，颜色深，有植物性气息，有不错的潜质。
- **赤霞珠、梅洛和波尔多风格的混酿** 智利用波尔多品种可以酿出卓越的葡萄酒，许多产区最好的代表性酒款如迈坡，兰佩和阿空加瓜谷都是这一类型的酒，与其他新世界国家相比，它们更有法国风范，且与美食可以很好搭配。
- **霞多丽和长相思** 智利适宜白葡萄品种生长的产区位于凉爽的太平洋海岸线附近，如卡萨布兰卡谷。霞多丽脆爽新鲜，优质的酒还带有橡木桶陈酿的气息。长相思也可以酿造出活泼、高酸的酒，较少使用橡木桶，更接近于新西兰的风格。

智利产区一览

- 其他葡萄酒产区
- 迈坡谷
- 圣地亚哥
- 卡萨布兰卡谷
- 兰佩谷

圣地亚哥

南半球的混合气候产区

最流行的酒
梅洛：中等酒体的干红葡萄酒。
霞多丽：中等酒体的干白葡萄酒。

最珍贵的酒
卡蒙乃：深色、有馥郁香气的红葡萄酒。
赤霞珠：浓郁的、值得陈酿的红葡萄酒。

阿根廷

　　拉丁美洲最大的产区就是阿根廷的蒙多萨省。在安第斯山脉的脚下，库约高原生产集中、顺滑的红葡萄酒，在南美洲早已有了相当的声誉，但直到20年前葡萄酒世界才发现原因。蒙多萨的高原荒漠气候提供白天充分的日照有利于深色葡萄的成熟，夜晚温度骤降，让成熟过程缓慢下来并保留酿造平衡葡萄酒必需的酸度。

背景

　　与其竞争者对比来看，阿根廷是南美洲出口较为迟缓的一个产区。因为其优质品种在国际上并不为人所知——在吸引葡萄酒饮用者的眼球时颇具难度，阿根廷第一位的品种马贝克，在阿根廷之外的地方几乎见不到，在其原产国法国它难以达到令人满意的成熟度，因此很少在其他地方有所种植。白特伦戴斯是用来自欧洲的品种在当地自行培育的克隆，依然有老世界的基因。在阿根廷，这两个品种都有着出色的表现，生产出世界领先、具有个性和复杂度的葡萄酒。

阿根廷顶级的葡萄酒类型

• **马贝克** 这个富有风味的红葡萄酒颜色深厚，味道饱满，有花香和泥土气息。高端酒更为集中，有橡木气息，量产酒更为轻盈、新鲜。

• **伯纳达** 这个温和的红葡萄品种与意大利北部种植的伯纳达没有血缘关系。它多被酿造为柔软、富有果味、易于饮用的葡萄酒。

• **特伦戴斯** 这个富有花香的白葡萄品种通常被酿造成干型、不过木桶的酒，有着与麝香葡萄极为相近的香气。

• **国际品种** 阿根廷的气候很适合葡萄的生长，近年来也探索着尝试种植更多的国际品种如霞多丽和赤霞珠。

阿根廷产区一览

布宜诺斯艾利斯

门多萨

圣地亚哥

布宜诺斯艾利斯

○—— **门多萨**

○—— **其他葡萄酒产区**

南半球的温暖气候产区

最流行的白葡萄酒
特伦戴斯：芳香的干白葡萄酒。

最流行的红葡萄酒
马贝克：深色、浓郁风味的红葡萄酒。
伯纳达：轻酒体、富有果味的红葡萄酒。

何时真正融会贯通

很多葡萄酒爱好者发现自己在想学习更多关于葡萄酒的知识时常常不知所措。关键是要将注意力集中于主要方面，而不是大量的细节，同时一定要学会相信你自己的直觉和感官。

相信你的味蕾

- **形成你自己的味道系统** 对于某些口味的偏好不要感到有压力，唯一需要取悦的人是你自己。

- **保持开放的态度** 葡萄酒在搭配不同的食物，在不同的温度下，甚至不同的情绪之下都会有所变化，给它们第二次机会。

- **不要墨守成规** 不要让那些古板的葡萄酒知识束缚你的想法。早餐喝葡萄酒？在摇滚乐会上喝葡萄酒？把两款酒混在一起？都没有问题。

- **尝试新鲜事物** 不尝试就永远不知道那到底是什么，所以不要被过去的经验限制你未来的经历。

- **不要纠结于细节** 有时很容易纠结与分析杯中酒每个层面的细枝末节，但这也会影响你真正享受这款酒。

学习如何描述葡萄酒

- **用简洁的语言** 葡萄酒最重要的特点都可以用一些基本的词汇概括出主要的意思。

- **一次用一个感官来感受** 除了听觉我们的每个感官都可以帮我们构建这款酒的样貌。

- **评估感官的细节** 分析颜色和颜色的深浅度，感受甜度和酸度、果味和橡木桶香气，感受酒体和起泡从浅到深的程度。

- **不要担心关于香气的形容** 分析味道和气息需要练习。坚持用一般的浓郁度和主要类型先做判断。

- **注意高和低** 大部分酒都是落在中间档，但是在这一档之外的特质才是酒独特的地方，也对你对酒的了解最有帮助。

舒舒服服地买酒

- **像买书时以封面做选择一样** 包装往往可以提供有用的信息，帮你了解生产者的理念和意图。

- **注意数据** 在买酒的时候，一些数据会很有帮助——年份、酒精度——可以帮你对酒的风格有个大致了解。

- **读取酒标** 对两种主要类型的酒标有所了解可以让你在买酒时不那么困惑。

- **坚持你的预算** 喝得好不意味着要多花钱。可以考虑打折酒或3升装的利乐纸盒包装酒。

- **不要毫无原则地寻求帮助** 销售人员是很有用的资源，但也不要让他们影响你决定要买什么。

探索所有类型的葡萄酒

- **在可能的时候一杯杯地做品鉴** 餐厅可以提供一个很好的品鉴机会，让你开拓品鉴经验且不用买一整瓶的酒。

- **跳出你的舒适空间** 大部分人会一直停留在自己最喜欢的葡萄酒类型里，但一定还有你喜欢只是还没有尝试过的酒。

- **不要用第一口来做判断** 酒的酸度可能会在第一口刺激到味觉。进入你品鉴数据的第二口和第三口才是这款酒未来真正的样子。

- **给新酒一点儿时间来欣赏** 用一两分钟的注意力，然后把它放到你的大脑数据库以供将来的分析。

- **运用你的词句** 将你的想法转化为词句会让你更容易记住这款酒，即使不是专业的品酒词也没关系，也不一定要大声讲出来。

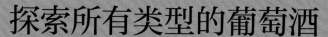

品尝你杯中的阳光

- **从酒精度开始做判断** 在干型葡萄酒中，酒精度的强度是成熟度的直接表现，13.5%是常见的度数。
- **在强壮的酒中找更多的活力** 一款干型葡萄酒的酒精度越高，酒尝上去就越强劲，很有可能用橡木桶陈酿过。
- **在轻盈的酒中找新鲜度** 一款干型葡萄酒的酒精度越低，酒尝上去就越温和，也常常有清爽的酸度。
- **闻出成熟的成分** 植物、泥土气息通常出现在寒凉气候的酒中，而温暖的气候会为葡萄提供更多类似烘烤水果的甜点气息。
- **不要被甜酒混淆** 酒精度在甜酒和强化酒中不是一个可靠的参考指数。

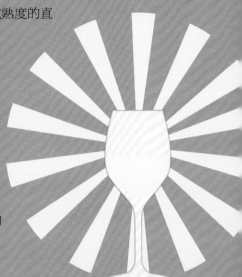

做餐酒搭配的游戏

- **将酒的角色置换其中** 葡萄酒做配角的时候比当主角表现要好，所以就让食物的味道占据舞台吧。
- **做一个搭配** 尝试用葡萄酒搭配菜中的一个主要特征，不管是口感还是质地，香气还是味道。
- **调整搭配的化学反应** 选一款酸度活泼的酒搭配咸味的食物，用一款甜酒搭配甜味的食物。
- **小心辣味** 不要忘记酒精可以让辣味的食物"爆炸"，要用轻盈的酒来熄灭火焰。
- **挑战规则** 这是你的酒，所以你也可以选择你想喝什么——即使它并不适用于日常的准则。

检测你的品酒功力

- **猜哪款酒不是干型的** 带有甜味的酒往往是低酒精度的白葡萄酒，且糖分最多的酒也装在更小的瓶中。
- **推断哪款酒有木桶的味道** 较老、更贵的酒有可能具有橡木桶陈酿过的特征气息。
- **预测哪款酒酸度最高** 年轻、低酒精度的酒或是来自寒凉产区的酒酸度往往更高。
- **衡量哪些酒更适宜搭配美食** 许多欧洲葡萄酒净饮会显得酸度过高或口感较干，这是为了搭配咸味的食物而设计的。
- **感受哪个酒有更强壮的味道** 来自温暖产区、高酒精度的葡萄酒有饱满的水果和橡木桶香气，尤其是来自美洲和南半球的酒。

让自己放松和享受

- **摒弃势利和虚假** 只会严肃紧张地品酒对葡萄酒是严重不公正的态度。
- **通过葡萄酒感受世界** 葡萄酒的香气可以透露许多关于这个产区的信息和葡萄酒文化——闭上你的双眼，深深地闻一下，去感知这个世界。
- **跳过那些传统的家庭作业** 不要被记忆葡萄酒专业词汇所烦恼。如果你想知道任何资料随时可以查阅。
- **活在当下** 葡萄酒最适合出现在和家人、朋友度过纪念日的庆祝场合了。
- **为你的成功举杯** 你刚刚做了一场成功的演讲，在行业内做出一定的贡献。未来吃美食喝好酒的日子还长着呢。

词汇表

Acidic，acidity酸，酸度
葡萄酒中可检测出的酸味的来源；味蕾能够感知的6种味道中的一种。

Age-worthy陈酿潜力
描述葡萄酒的抗氧化能力，其成因是酒中的自然成分如单宁和酸度。

Alcohol酒精
乙醇，成人饮品中如葡萄酒中的核心成分；是糖分被活性酵母代谢所产生的有机物。

Antioxidant抗氧化剂
一种防止氧化的物质，葡萄皮中的酚类复合物就是一种，比如单宁。

Aperitif开胃酒
专门用来在饭前饮用来打开胃口的酒精类饮料。许多轻盈的葡萄酒会被当作餐前酒，但"开胃酒"也有可能是对味道或是强化酒做基底的饮料的描述，比如苦艾酒、利莱酒或杜本内这些基酒。

Appellation产区
一个关于葡萄种植地正式的产区或是原产地的叫法；被强制要求写在酒标上。

Archetype原型
被用来举例或是模仿的初始样本或模板。

Aromatics香气
鼻子可以感受到的葡萄酒中散发的气息和味道的成分。

Astringency收敛感
品尝葡萄酒时口中表现为收缩、干涩的口感是单宁带来的作用，单宁存在于葡萄皮中并会抑制唾液分泌。

Barrel木桶
用橡木制作的圆形容器，用于葡萄酒的熟成或发酵。

Barrel aging木桶陈酿
在酿造红葡萄酒中一个常见的步骤，年轻新鲜的红葡萄酒在发酵完成后在橡木桶中储存几周或几年的时间。

Barrel fermentation木桶发酵
酿造白葡萄酒的一个步骤，葡萄汁在木桶中发酵成为酒，随后与酵母酒脚一起陈酿。

Barrique橡木桶
传统的法国风格225升的橡木桶；在陈酿过程中为葡萄酒添加新橡木风味。

Biodynamic生物动力法
一种自然的耕种方式，即坚持一个相互关联的生态系统，包括土地、植被、动物和遵循月食操作的严格的农业认证系统，并禁用非自然、人工合成的农药。

Bitter，bitterness苦，苦味
舌头可以感知的6种味道之一（比如啤酒中啤酒花的苦味），常会与葡萄酒中带来收敛涩感的单宁混淆（比如黑茶的质感）。

Blend混酿
用几种不同的葡萄品种酿成的葡萄酒。

Body酒体
描述葡萄酒的质感，常以酒精度衡量，参见酒体（Weight）。

Bold饱满
用于形容葡萄酒中味道香气的浓郁度和集中度。

Brand name品牌的名称
一款酒的商业认证；有可能是生产者的名字，或是某一产品线的专有品称。

Browning褐变
用于形容葡萄酒陈酿或是受氧化之后颜色上的变化。用于形容食物时，是指烹饪过程中，如烧灼、油炸、烘烤后出现的焦糖化和美拉德反应。

Brut绝干型
起泡葡萄酒最常见的类型，不甜，比特干型还干。

Bulk wine量产葡萄酒
葡萄酒中最低端的酒，常用于便宜的品牌。

Carbonated起泡
用于形容带有气泡的葡萄酒，在开瓶时会释放二氧化碳气泡。

Cellaring酒窖陈酿
在葡萄酒上市之前的瓶中熟成。

Color compounds色素

葡萄酒中的酚类物质如单宁是来自葡萄皮的，可以赋予红葡萄酒或桃红葡萄酒颜色和味道。

Complex复杂度

在酒中同时呈现出的多种感受。一般是指拥有多种令人愉悦的香气和味道，尤其是通过发酵或陈酿得到的那些。

Condense凝结

即化学层面上从气体转化为液体的物理过程，与之相反的是蒸发。

Cork taint, corked橡木塞污染

葡萄酒与自然的橡木塞接触导致的腐坏；最常见的原因是橡木塞中存在的TCA分子[2,4,6-trichloroanisole（2,4,6-三氯苯甲醚）的缩写]，一种让酒有不愉悦的霉菌气息的成分。

Corks橡木塞

用橡木皮做的葡萄酒的酒塞。

Crianza佳酿

西班牙葡萄酒酒标上关于优质葡萄酒陈酿时间的一个分级级别；佳酿之上还有陈酿和特级陈酿。

Crisp脆爽

形容葡萄酒活跃的酸度。

Cru分级

用来为法国优质葡萄酒标明等级，一般来说最高级别是特级，随后是一级。通常还被翻译为"级别"，与"等级"类似，但在每个产区的分级根据当地的法定法规有完全不同的准则。

Cuvée, cuvée name特酿，特酿名字

是某款特别的葡萄酒款的统称，源于法语"酒桶"，通常比同一产区用相同品种酿的酒的级别更高，在某些产区，特指一些特定的混酿。

Decanting醒酒

在饮用前将葡萄酒从瓶中移出来的步骤（通常是倒入醒酒器），既可以用于移除陈酿红酒的酒渣，也可以让年轻的酒与空气接触。

Demi-sec半干型

标在法国酒标上专指有明显甜度的葡萄酒，基本上都是酸度与甜度平衡的酒。

Dessert wine甜酒

特指有浓郁集中甜度的葡萄酒。

Distilled spirits蒸馏烈酒

用发酵工序制成的低酒精度酒如葡萄酒、啤酒经过蒸发酒精并将酒精集中到另一个容器中，酿造而成的高酒精度的饮料酒如白兰地、威士忌。

Dry, dryness干，干型的

形容没有明显糖分的葡萄酒，与之相反的是甜酒，干型酒是市面上所见的大部分酒，通常红葡萄酒中的单宁带来的干型口感会与这一概念混淆。

Earthy泥土气息

特指葡萄酒拥有的那些户外、农场环境中存在的气息，比如木屑、石头和落叶。

Estate酒庄

一个由生产者独立拥有的葡萄园，并且用葡萄园中自己的葡萄酿酒，而不是向其他种植者买葡萄酿酒。

Estate-bottled酒庄装瓶

新世界国家中优质葡萄酒酒标上专用的一个名词，特指这款酒是在生产者自己拥有的葡萄园里用自己种的葡萄酿的酒。

Esters酯类

一种香气成分，是许多水果香气和味道的来源，同样也存在于葡萄酒中。

Evaporate蒸发

即化学层面上从液体转化为气体的物理过程，与之相反的是凝结。

Everyday wine日常餐酒

价格平易近人的简单的葡萄酒，比量产酒略好一些，比好酒便宜一些。

Extra-dry特干型

专用于起泡葡萄酒的酒标上，特指有着微微甜感的起泡酒，比"干"甜一个等级。

Fermentation发酵

酿酒过程中将葡萄汁转化为葡萄酒的一个主要步骤；这一过程是所有酒精类饮料酿造必经

的，通过活性酵母代谢糖分，转化为酒精和二氧化碳。

Fine wine优质葡萄酒
相对而言质量有保证的高级葡萄酒。

Finish，length收尾，长度
描述葡萄酒的回味，这一特质的持续度对判断一款酒的品质有所帮助。

Flabby松散
形容葡萄酒低于平均值的酸度。

Flavor风味
广义上是指吃东西喝酒时的味道的感觉；说到葡萄酒的时候，是指鼻后腔通过嗅觉神经给口腔带来的感觉。

Food-friendly，food-oriented适宜配餐，搭配食物
是指被设计与食物搭配才最好喝的葡萄酒，尤其是遇到食物中的咸味时让酸度平衡、突出果味的那些酒。

Fortifed wine强化葡萄酒
用蒸馏葡萄酒强化酒精度为15%~20%的葡萄酒类型，比如波特酒和雪莉酒。

Freeze-concentrate冰冻浓缩
在冰酒过程中使用，通过冰冻来减少液体中的水分含量，好移除结冰的部分。

Fruit，fruity水果，果味
广义上是指开花结果长出来的甜美水果的味道；在葡萄酒品鉴中，用于描述葡萄从酿酒过程中得到的味道。当这部分味道特别突出时，这款酒就会被形容为果味、以果味主导或是果味明显。

Full-bodied重酒体
特指比平均水准更饱满的酒体，参见Heavy强壮。

Generic入门款
平常或并不特别的葡萄酒。在新世界国家，是指那些在酒标上都不写葡萄品种的酒。在老世界国家，是指那些产区里的基本款葡萄酒——比如入门款奇安蒂，与之相反的就是来自更好产区的经典奇安蒂。

Grand cru特级
一个法国葡萄酒的质量分级。参见分级。

Gran reserva特级陈酿
在西班牙和南美洲特指最高等级的陈酿葡萄酒。

Grape variety葡萄品种
特别培育的欧亚葡萄品种，包括酿酒中用到的大部分葡萄品种。

Green生青
对于水果是指不成熟；对于葡萄酒是指低成熟度的特质，如高酸度、树叶和植物性气息。

Grip刹口
形容红葡萄酒中的单宁给口腔带来的收敛的口感。

Harsh粗糙
红葡萄酒中口感很干的单宁带来的收缩感或任何葡萄酒的高酒精度带来的强烈感受。

边缘
葡萄酒杯肚上方的空间，好让葡萄酒摇杯时散发的香气能够集中起来。

Heavy强壮
形容葡萄酒饱满、丰润的质感，同时酒精度通常超过14%。

Herbal植物气息
形容葡萄酒的风味和香气有草本植物、树叶和蔬菜的气息。

Icewine冰酒
一种通过冰冻集中葡萄果汁酿造的甜酒，通常在深冬采收冰冻的葡萄酿制。

Indigenous原产地
起源于特定的产区。

Jammy果酱气息
形容葡萄酒的风味和香气有水果被煮过或糖渍的气息。

Kabinett
德语，用于德国酒标，指葡萄一种特定的成熟度；是Prädikat分级系统中最低的等级，通常略带甜感，酒精度低，但也有酒体略重的干型葡萄酒。

Lactone内酯
存在于橡木桶中并提供了酒中橡木香气的酯化物。

Late harvest晚收
用于甜葡萄酒的酒标标识，表明酿造这款酒的葡萄成熟后在葡萄藤上呆了更久以达到更多甜度和更高成熟度。

Legs酒脚
摇杯时酒液在酒杯上留下水滴痕迹，一定程度上反映了酒体。

Length长度
参见收尾。

Light轻酒体
指娇弱、精致的酒质，多是酒精度低于13%的葡萄酒。

Maderization马德拉化
葡萄酒强烈受热后风味发生的变化；马德拉酒的名字。

Maderization熟成
葡萄酒完成发酵后在橡木桶中、不锈钢罐中、瓶中的成熟过程。

Mature成熟
葡萄酒在其巅峰时的状态，不能再继续陈酿了。

Mid-weight中度酒体
形容有着中和质感的葡萄酒，既不重也不轻，多是酒精度位于13%～14%的酒。

Mild温和
形容香气和风味程度较低的葡萄酒。

Mousse绵密气泡
描述起泡葡萄酒的气泡感。

Mouth-drying干型的口感
参见单宁。

Mouthfeel口感
食物和饮料在口中的感觉。

Naked非桶陈酿
参见不过桶。

Neutral barrel陈酿木桶
储酒超过3年以上的木桶，已经相当程度降低了新橡木风味的影响。

New oak新橡木桶
没有接触过酒液的橡木桶，会对酒的香气和风味有较多影响。

New World新世界
美洲和南半球的葡萄酒产酒国。

Oak, oaked, oaky 橡木，有橡木气息，橡木味
广义上是指橡木树或橡木；在葡萄酒中，是指酒与新橡木桶接触或是有橡木味道的东西在酿酒过程中对酒产生的影响。拥有这类气息的酒被统称为有橡木气息。

Off-dry半干
略带甜味，不是全干的葡萄酒。

Old World老世界
传统的欧洲产酒国。

Olfactory嗅觉
与闻鼻相关的感觉。

Organic有机
一种自然的耕种方式，其产品经过农业认证，并在种植和酿造中禁止使用人工合成的化工产品。

Oxidation, oxidized氧化，氧化了的
葡萄酒暴露在空气中或与空气接触后引起的变质，在酿造过程中会尽量避免发生；对有如下表现的酒的描述——如失去新鲜度、褐色、煮过的水果和坚果气息。

Pairing搭配
为某种事物或菜选择与之能和谐相配的葡萄酒。

Palate口感
技术层面是指口腔中柔软的部分；同时也用来指人在品尝或闻酒时的感受。

Phenolic compounds酚类物质
在葡萄皮中的颜色和风味成分，如单宁和花青素，这些成分都是天然的抗氧化物。

Point scores评分
由杂志和酒评家对酒进行品评的打分系统；通常是100分制。

Potential alcohol潜在酒精度
葡萄中的糖分在发酵之后有可能转化为的酒精含量。

Premier cru一级
一个法国葡萄酒的质量分级。参见分级。

Preservative防腐剂
一种减缓腐烂和氧化的物质；葡萄酒中有天然的存在成分如单宁，也有添加的成分如二氧化硫。

Proprietary name专有名称
专属于特定生产商的酒的名字，也可以是一款特酿或是名牌的名字。

Racy活泼
描述一款具有高酸度的葡萄酒。

Refreshing新鲜
专指酸度活跃的葡萄酒。

Reserve, reserva, riserva 陈酿
在酒标上用于标识较好的品质；在西班牙、意大利和南美洲都有使用，但没有标准的法定法规。

Rich饱满
描述一款葡萄酒在口中比平均值更高的浓稠或沉重的质感，参见强壮。

Ripeness成熟度
葡萄在采收前最后几周的阶段，光照和温暖天气会影响其适宜采摘的甜度和果味。

Rosé 桃红
颜色呈粉色的葡萄酒类型，通过在酿酒过程中深色葡萄短时间的皮汁浸渍酿造。

Saccharomyces酿酒酵母
"吃糖"的酵母类型，可以用来生产酒精；这一类型的酵母用来酿造葡萄酒、啤酒和烘烤面包。

Salt, saltiness盐、咸味
一种常见的食物成分，可以降低葡萄酒中的酸度；味蕾能够感知的6种味道中的一种。

Sediment沉淀物
液体里面沉淀下来的固体物质。

Sensory感官
视觉、嗅觉、味觉、触觉、听觉的统称。

Sharp凌厉
形容葡萄酒有着高而"尖利"的酸度。

Single-vineyard单一葡萄园
用在一块地或是一个地方生长的葡萄酿造的葡萄酒。

Soft柔软
描述有着低单宁度的葡萄酒，有时也包括低酸度的酒。

Sommelier侍酒师
在餐厅中专程侍酒的服务人员；通常负责葡萄酒的买卖。

Sour酸
参见酸度。

Sparkling起泡
描述带有气泡的起泡葡萄酒。

Spätlese
德语，用于德国酒标，指晚收的葡萄，比平均值的成熟度略高；是Prädikat分级系统中的第二级，通常带有甜感，中等酒精度，但也有酒体略重的干型酒。

Spritzy略带起泡感
描述带有微泡感的葡萄酒。

Stainless steel不锈钢罐
现代酿造方式中用于发酵的容器；在白葡萄酒中，也用于描述不过橡木桶的葡萄酒。

Still静止
用于没有气泡或二氧化碳的葡萄酒。

Strength强度
描述葡萄酒的酒精度含量。参见Weight酒体。

Subtle中和
描述有着比平均值低的气息和风味的葡萄酒。

Sweet, sweetness甜，甜度
葡萄酒中有明显的糖分的存在，味蕾能够感知的6种味道中的一种。

Table grapes鲜食葡萄
用来做水果新鲜食用的葡萄，通常无籽、多汁、皮薄。

Tactile触觉
感触的感觉。

Tannin单宁
葡萄皮中有收敛感的酚类物质；是天然的防腐剂，"单宁"可以专指喝完红葡萄酒后口中的干型口感。

Taste，tasting 品鉴，品尝
广义上是指通过吃和喝来感受食物和饮品；对于葡萄酒的分析，舌头的味蕾只能分辨6种味道。

Taste buds味蕾
具有感受味道的机能：敏感的神经细胞遍布整个舌头。

Tears酒泪
更被熟知为酒脚，即摇杯时酒液在杯壁滑落的痕迹。

Temperate温度
适宜葡萄生长的气候类型既不能冬天太冷也不能夏天热成热带气候。

Terpene萜烯
芳香型品种里提供花香气息的香气分子，如麝香、琼瑶浆和雷司令中都有。

Terroir风土
特指葡萄酒中拥有的当地风土特色的体现，通常拥有当地产区或葡萄园才有的泥土气息；也有可能是指一个产区或风土的地理差异赋予酒的特质。

Texture质感
形容葡萄酒的酒体或黏稠度，通常由酒精度含量决定，参见Weight酒体。

Toasted，toasty烘烤，烘烤气息
描述酒中的橡木桶气息；坚果、焦糖化气息等在橡木桶制作过程中木头被火焰"烘烤"后赋予的气息。

Umami鲜
味蕾可以感受到的6种味道之一——描述谷氨酸和氨基酸引起的鲜美味道。

Unoaked，unwooded，naked 未经木桶、不过桶
描述在酿酒过程中不与橡木或橡木桶接触的酒，或是没有明显新橡木桶的香气特征。

Unwooded不过桶
参见未经木桶。

Vanillin香草
香草豆荚的气息，通常在橡木桶中有强烈表现，或是酒中"橡木气息"的主要香味。

Vin Doux Naturel自然甜酒
一种用中止发酵的方式酿造的法国甜葡萄酒，以及用"波特法"酿造的强化酒。

Vintage年份
酒标上显示的年份即葡萄采摘的那一年。

Vintner生产者
葡萄酒的生产者。

Viscosity厚重度
液体浓厚程度的质感，参见Weight酒体。

Vitis vinifera欧亚种葡萄
用于酿酒的来自欧洲的葡萄种系。

Volatile挥发的
正常温度下的挥发——葡萄酒中许多成分的特点，尤其是酒精和酯类的香气成分。

Weight酒体
描述葡萄酒的酒体特质，包括口中的厚重和黏稠程度，通常高酒精度和高糖分的酒会比低酒精度的干型酒酒体更重。

Winemaking酿酒
将新鲜葡萄通过发酵转化为葡萄酒的过程。

Workhorse grape高产的葡萄品种
可以以高产量的亩产酿造令人愉悦的葡萄酒的品种，通常用来酿造量产酒和商超酒。

Yeast酵母
酿酒过程中发酵的启动者：一种将糖分转化为酒精的有机单细胞微生物。

Yield产量
葡萄园中的产量，通常以每英亩（1英亩=4.04686×10³m²）葡萄的吨数或每公顷葡萄汁的升数来计量。

Young年轻
描述在上市前不经过橡木桶陈酿或是瓶中陈酿的葡萄酒；通常是两年以内的酒。

索引

索引

索引

索引

索引

索引

索引

索引

索引

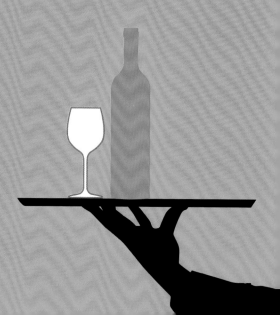

图书在版编目（CIP）数据

葡萄酒品鉴课堂 / （英）马尼·奥尔德著；孙宵祎
译. —北京：中国轻工业出版社，2024.6
ISBN 978-7-5184-1145-0

Ⅰ. ①葡… Ⅱ. ①马… ②孙… Ⅲ. ①葡萄酒–品
鉴 Ⅳ. ① TS262.6

中国版本图书馆CIP数据核字（2016）第240198号
审图号：GS京（2024）0672号

责任编辑：江 娟　责任校对：晋 洁
文字编辑：狄宇航　责任终审：唐是雯
策划编辑：江 娟　版式设计：锋尚设计
封面设计：奇文云海　责任监印：张 可

出版发行：中国轻工业出版社
　　　　　（北京鲁谷东街5号，邮编：100040）
印　　刷：鸿博昊天科技有限公司
经　　销：各地新华书店
版　　次：2024年6月第1版第4次印刷
开　　本：720×1000　1/16　印张：16
字　　数：250千字
书　　号：ISBN 978-7-5184-1145-0
定　　价：118.00元
邮购电话：010-85119873
发行电话：010-85119832　010-85119912
网　　址：http://www.chlip.com.cn
Email：club@chlip.com.cn
版权所有　侵权必究
如发现图书残缺请直接与我社邮购联系调换
230803S1C104ZYW

www.dk.com

关于作者

侍酒师Marnie Old为葡萄酒世界带来一股清流，以其迷人而感性的方式解释了复杂的葡萄酒世界。她为*Philadelphia Daily New*常年撰写葡萄酒专栏，同时也是滑雪胜地阿斯彭每年的经典美食与葡萄酒盛会（Food & Wine Classic）的主讲人之一。曾任纽约曼哈顿法国厨艺协会（French Culinary Institute）的葡萄酒总监，也是美国侍酒师协会教育部门主席。她的第一本著作《他要啤酒，她要葡萄酒》（He Said Beer, She Said Wine），也是由DK出版，是与角鲨头手工精酿啤酒（Dogfsh Head Craft Brewery）创始人、啤酒届的传奇人物Sam Calagione共同撰写的一本寓教于乐的美食美酒搭配指南。Marnie还曾撰写过畅销书《葡萄酒的秘密》（Wine Secrets）和获奖电子图书《简化葡萄酒》（Wine Simplifed）

关于译者

孙宵祎，资深葡萄酒记者，专栏作者。曾任《RVF葡萄酒评论》资深编辑。多年来拜访世界各地和中国的产区深入学习，担任各项国际国内葡萄酒赛事的评委（包括Vinitaly, Catad'or, China wine Challenge等），常年致力于葡萄酒文化传播和教育。

作者致谢

许多人为这本书的面世做出帮助，我希望向他们致以我诚挚的谢意：
Michael Mondavi持之以恒的支持；
Jamie Goode的信任；
Tim Kilcullen坦承的回馈；
Karyn Gallagher的鼓励；
Peggy Vance抓住了这本书在市场上被需求的直觉；
David Tombesi-Walton对细节耐心的关注；
David Ramey最后一刻的事实确认；
Eric Miller关键的酿酒视角；
Josh Rosenblat和Kaleigh Smith无私地做帮工；
Kevin Zraly让我在这条路上脚踏实地地走下去。

同时也感谢以下葡萄酒公司的支持及其产品图的使用：
Pierre Gimonnet & Fils, Terry Theise 和 Michael Skurnik Wines；
Yellow Tail, Casella Wines 和 Deutsch Family Wine & Spirits；
Bodegas Muga, Jorge Ordóñez和 Fine Estates from Spain；
Sea Glass Wines 和 Trinchero Family Estates；
Pacifc Rim Wines；
Ramey Wine Cellars；
Concha y Toro USA 和 Banf Vintners；
Beaulieu Vineyard 和 Diageo Chateau & Estate Wines；
Château La Lagune；
Maison Louis Jadot, Tenuta di Nozzole和 Kobrand Corporation；
Dr. Loosen和 Loosen Bros. USA。